清华大学优秀博士学位论文丛书

全周/半周加热光管/内螺纹管中超临界流体的换热研究

李舟航 著 Li Zhouhang

Heat Transfer to Supercritical Fluids
in Smooth Tubes and Internally Ribbed Tubes
under Circumferentially Uniform and Non-uniform Heating

清华大学出版社
北 京

内容简介

本书来自作者的博士学位论文，涉及全周/半周加热光管/内螺纹管中超临界流体的对流换热研究，包括浮升力的影响规律、超临界流体强制对流换热机理和内螺纹管改善混合对流换热的机理；此外，还讨论了强物性变化、湍流强化装置和周向加热条件之间的作用关系，提出了传热恶化和对流换热的预测方法。

本书适合高校及研究院所工程热物理、能源动力工程等专业的师生阅读参考。

图书在版编目(CIP)数据

全周/半周加热光管/内螺纹管中超临界流体的换热研究/李舟航著．—北京：清华大学出版社，2018

(清华大学优秀博士学位论文丛书)

ISBN 978-7-302-46733-5

Ⅰ．①全…　Ⅱ．①李…　Ⅲ．①内螺纹管－对流传热－研究　Ⅳ．①TK124

中国版本图书馆 CIP 数据核字(2017)第 048636 号

责任编辑：黎　强
封面设计：傅瑞学
责任校对：赵丽敏
责任印制：董　瑾

出版发行：清华大学出版社
　　网　　址：http://www.tup.com.cn，　http://www.wqbook.com
　　地　　址：北京清华大学学研大厦 A 座　　**邮　　编**：100084
　　社 总 机：010-62770175　　**邮　　购**：010-62786544
　　投稿与读者服务：010-62776969，c-service@tup.tsinghua.edu.cn
　　质量反馈：010-62772015，zhiliang@tup.tsinghua.edu.cn
印 装 者：三河市铭诚印务有限公司
经　　销：全国新华书店
开　　本：155mm×235mm　**印　　张**：9.75　**字　　数**：164 千字
版　　次：2018 年 6 月第 1 版　**印　　次**：2018 年 6 月第 1 次印刷
定　　价：79.00 元

产品编号：071578-01

一流博士生教育
体现一流大学人才培养的高度(代丛书序)[①]

人才培养是大学的根本任务。只有培养出一流人才的高校，才能够成为世界一流大学。本科教育是培养一流人才最重要的基础，是一流大学的底色，体现了学校的传统和特色。博士生教育是学历教育的最高层次，体现出一所大学人才培养的高度，代表着一个国家的人才培养水平。清华大学正在全面推进综合改革，深化教育教学改革，探索建立完善的博士生选拔培养机制，不断提升博士生培养质量。

学术精神的培养是博士生教育的根本

学术精神是大学精神的重要组成部分，是学者与学术群体在学术活动中坚守的价值准则。大学对学术精神的追求，反映了一所大学对学术的重视、对真理的热爱和对功利性目标的摒弃。博士生教育要培养有志于追求学术的人，其根本在于学术精神的培养。

无论古今中外，博士这一称号都是和学问、学术紧密联系在一起，和知识探索密切相关。我国的博士一词起源于2000多年前的战国时期，是一种学官名。博士任职者负责保管文献档案、编撰著述，须知识渊博并负有传授学问的职责。东汉学者应劭在《汉官仪》中写道："博者，通博古今；士者，辩于然否。"后来，人们逐渐把精通某种职业的专门人才称为博士。博士作为一种学位，最早产生于12世纪，最初它是加入教师行会的一种资格证书。19世纪初，德国柏林大学成立，其哲学院取代了以往神学院在大学中的地位，在大学发展的历史上首次产生了由哲学院授予的哲学博士学位，并赋予了哲学博士深层次的教育内涵，即推崇学术自由、创造新知识。哲学博士的设立标志着现代博士生教育的开端，博士则被定义为独立从事学术研究、具备创造新知识能力的人，是学术精神的传承者和光大者。

① 本文首发于《光明日报》，2017年12月5日。

博士生学习期间是培养学术精神最重要的阶段。博士生需要接受严谨的学术训练,开展深入的学术研究,并通过发表学术论文、参与学术活动及博士论文答辩等环节,证明自身的学术能力。更重要的是,博士生要培养学术志趣,把对学术的热爱融入生命之中,把捍卫真理作为毕生的追求。博士生更要学会如何面对干扰和诱惑,远离功利,保持安静、从容的心态。学术精神特别是其中所蕴含的科学理性精神、学术奉献精神不仅对博士生未来的学术事业至关重要,对博士生一生的发展都大有裨益。

独创性和批判性思维是博士生最重要的素质

博士生需要具备很多素质,包括逻辑推理、言语表达、沟通协作等,但是最重要的素质是独创性和批判性思维。

学术重视传承,但更看重突破和创新。博士生作为学术事业的后备力量,要立志于追求独创性。独创意味着独立和创造,没有独立精神,往往很难产生创造性的成果。1929年6月3日,在清华大学国学院导师王国维逝世二周年之际,国学院师生为纪念这位杰出的学者,募款修造"海宁王静安先生纪念碑",同为国学院导师的陈寅恪先生撰写了碑铭,其中写道:"先生之著述,或有时而不章;先生之学说,或有时而可商;惟此独立之精神,自由之思想,历千万祀,与天壤而同久,共三光而永光。"这是对于一位学者的极高评价。中国著名的史学家、文学家司马迁所讲的"究天人之际、通古今之变,成一家之言"也是强调要在古今贯通中形成自己独立的见解,并努力达到新的高度。博士生应该以"独立之精神、自由之思想"来要求自己,不断创造新的学术成果。

诺贝尔物理学奖获得者杨振宁先生曾在20世纪80年代初对到访纽约州立大学石溪分校的90多名中国学生、学者提出:"独创性是科学工作者最重要的素质。"杨先生主张做研究的人一定要有独创的精神、独到的见解和独立研究的能力。在科技如此发达的今天,学术上的独创性变得越来越难,也愈加珍贵和重要。博士生要树立敢为天下先的志向,在独创性上下功夫,勇于挑战最前沿的科学问题。

批判性思维是一种遵循逻辑规则、不断质疑和反省的思维方式,具有批判性思维的人勇于挑战自己、敢于挑战权威。批判性思维的缺乏往往被认为是中国学生特有的弱项,也是我们在博士生培养方面存在的一个普遍问题。2001年,美国卡内基基金会开展了一项"卡内基博士生教育创新计划",针对博士生教育进行调研,并发布了研究报告。该报告指出:在美国和欧洲,培养学生保持批判而质疑的眼光看待自己、同行和导师的观点同样非常不容易,批判性思维的培养必须要成为博士生培养项目的组成部分。

对于博士生而言,批判性思维的养成要从如何面对权威开始。为了鼓励学生质疑学术权威、挑战现有学术范式,培养学生的挑战精神和创新能力,清华大学在2013年发起"巅峰对话",由学生自主邀请各学科领域具有国际影响力的学术大师与清华学生同台对话。该活动迄今已经举办了21期,先后邀请17位诺贝尔奖、3位图灵奖、1位菲尔兹奖获得者参与对话。诺贝尔化学奖得主巴里·夏普莱斯(Barry Sharpless)在2013年11月来清华参加"巅峰对话"时,对于清华学生的质疑精神印象深刻。他在接受媒体采访时谈道:"清华的学生无所畏惧,请原谅我的措辞,但他们真的很有胆量。"这是我听到的对清华学生的最高评价,博士生就应该具备这样的勇气和能力。培养批判性思维更难的一层是要有勇气不断否定自己,有一种不断超越自己的精神。爱因斯坦说:"在真理的认识方面,任何以权威自居的人,必将在上帝的嬉笑中垮台。"这句名言应该成为每一位从事学术研究的博士生的箴言。

提高博士生培养质量有赖于构建全方位的博士生教育体系

一流的博士生教育要有一流的教育理念,需要构建全方位的教育体系,把教育理念落实到博士生培养的各个环节中。

在博士生选拔方面,不能简单按考分录取,而是要侧重评价学术志趣和创新潜力。知识结构固然重要,但学术志趣和创新潜力更关键,考分不能完全反映学生的学术潜质。清华大学在经过多年试点探索的基础上,于2016年开始全面实行博士生招生"申请-审核"制,从原来的按照考试分数招收博士生转变为按科研创新能力、专业学术潜质招收,并给予院系、学科、导师更大的自主权。《清华大学"申请-审核"制实施办法》明晰了导师和院系在考核、遴选和推荐上的权利和职责,同时确定了规范的流程及监管要求。

在博士生指导教师资格确认方面,不能论资排辈,要更看重教师的学术活力及研究工作的前沿性。博士生教育质量的提升关键在于教师,要让更多、更优秀的教师参与到博士生教育中来。清华大学从2009年开始探索将博士生导师评定权下放到各学位评定分委员会,允许评聘一部分优秀副教授担任博士生导师。近年来学校在推进教师人事制度改革过程中,明确教研系列助理教授可以独立指导博士生,让富有创造活力的青年教师指导优秀的青年学生,师生相互促进、共同成长。

在促进博士生交流方面，要努力突破学科领域的界限，注重搭建跨学科的平台。跨学科交流是激发博士生学术创造力的重要途径，博士生要努力提升在交叉学科领域开展科研工作的能力。清华大学于2014年创办了“微沙龙”平台，同学们可以通过微信平台随时发布学术话题、寻觅学术伙伴。3年来，博士生参与和发起“微沙龙”12000多场，参与博士生达38000多人次。“微沙龙”促进了不同学科学生之间的思想碰撞，激发了同学们的学术志趣。清华于2002年创办了博士生论坛，论坛由同学自己组织，师生共同参与。博士生论坛持续举办了500期，开展了18000多场学术报告，切实起到了师生互动、教学相长、学科交融、促进交流的作用。学校积极资助博士生到世界一流大学开展交流与合作研究，超过60%的博士生有海外访学经历。清华于2011年设立了发展中国家博士生项目，鼓励学生到发展中国家亲身体验和调研，在全球化背景下研究发展中国家的各类问题。

在博士学位评定方面，权力要进一步下放，学术判断应该由各领域的学者来负责。院系二级学术单位应该在评定博士论文水平上拥有更多的权力，也应担负更多的责任。清华大学从2015年开始把学位论文的评审职责授权给各学位评定分委员会，学位论文质量和学位评审过程主要由各学位分委员会进行把关，校学位委员会负责学位管理整体工作，负责制度建设和争议事项处理。

全面提高人才培养能力是建设世界一流大学的核心。博士生培养质量的提升是大学办学质量提升的重要标志。我们要高度重视、充分发挥博士生教育的战略性、引领性作用，面向世界、勇于进取，树立自信、保持特色，不断推动一流大学的人才培养迈向新的高度。

邱勇

清华大学校长

2017年12月5日

丛书序二

以学术型人才培养为主的博士生教育，肩负着培养具有国际竞争力的高层次学术创新人才的重任，是国家发展战略的重要组成部分，是清华大学人才培养的重中之重。

作为首批设立研究生院的高校，清华大学自20世纪80年代初开始，立足国家和社会需要，结合校内实际情况，不断推动博士生教育改革。为了提供适宜博士生成长的学术环境，我校一方面不断地营造浓厚的学术氛围，一方面大力推动培养模式创新探索。我校已多年运行一系列博士生培养专项基金和特色项目，激励博士生潜心学术、锐意创新，提升博士生的国际视野，倡导跨学科研究与交流，不断提升博士生培养质量。

博士生是最具创造力的学术研究新生力量，思维活跃，求真求实。他们在导师的指导下进入本领域研究前沿，吸取本领域最新的研究成果，拓宽人类的认知边界，不断取得创新性成果。这套优秀博士学位论文丛书，不仅是我校博士生研究工作前沿成果的体现，也是我校博士生学术精神传承和光大的体现。

这套丛书的每一篇论文均来自学校新近每年评选的校级优秀博士学位论文。为了鼓励创新，激励优秀的博士生脱颖而出，同时激励导师悉心指导，我校评选校级优秀博士学位论文已有20多年。评选出的优秀博士学位论文代表了我校各学科最优秀的博士学位论文的水平。为了传播优秀的博士学位论文成果，更好地推动学术交流与学科建设，促进博士生未来发展和成长，清华大学研究生院与清华大学出版社合作出版这些优秀的博士学位论文。

感谢清华大学出版社，悉心地为每位作者提供专业、细致的写作和出版指导，使这些博士论文以专著方式呈现在读者面前，促进了这些最新的优秀研究成果的快速广泛传播。相信本套丛书的出版可以为国内外各相关领域或交叉领域的在读研究生和科研人员提供有益的参考，为相关学科领域的发展和优秀科研成果的转化起到积极的推动作用。

感谢丛书作者的导师们。这些优秀的博士学位论文，从选题、研究到成文，离不开导师的精心指导。我校优秀的师生导学传统，成就了一项项优秀的研究成果，成就了一大批青年学者，也成就了清华的学术研究。感谢导师们为每篇论文精心撰写序言，帮助读者更好地理解论文。

感谢丛书的作者们。他们优秀的学术成果，连同鲜活的思想、创新的精神、严谨的学风，都为致力于学术研究的后来者树立了榜样。他们本着精益求精的精神，对论文进行了细致的修改完善，使之在具备科学性、前沿性的同时，更具系统性和可读性。

这套丛书涵盖清华众多学科，从论文的选题能够感受到作者们积极参与国家重大战略、社会发展问题、新兴产业创新等的研究热情，能够感受到作者们的国际视野和人文情怀。相信这些年轻作者们勇于承担学术创新重任的社会责任感能够感染和带动越来越多的博士生们，将论文书写在祖国的大地上。

祝愿丛书的作者们、读者们和所有从事学术研究的同行们在未来的道路上坚持梦想，百折不挠！在服务国家、奉献社会和造福人类的事业中不断创新，做新时代的引领者。

相信每一位读者在阅读这一本本学术著作的时候，在吸取学术创新成果、享受学术之美的同时，能够将其中所蕴含的科学理性精神和学术奉献精神传播和发扬出去。

姚强

清华大学研究生院院长

2018年1月5日

导师序言

超临界流体流动和传热是以热力学、传热学、流体力学为基础，以超临界压力流体的流动过程与传热为对象的一门科学。20世纪50年代起，锅炉大容量化和超临界化的需求催生了对超临界流体流动和传热过程的研究。到目前为止，对超临界流体流动和传热过程的研究主要集中在电站热能动力系统、核反应堆、航空航天、空调与供热、新能源工程等领域。李舟航的博士论文以全周/半周加热光管/内螺纹管中的超临界压力流体为研究对象，对超临界压力流体在光管和内螺纹管中的传热异常现象进行了系统研究，深入分析了浮升力的影响规律以及超临界流体强制对流换热和内螺纹管改善混合对流换热的机理，阐述了强物性变化、湍流强化装置和周向加热条件之间的作用关系，并总结了经验性的传热恶化和对流换热预测方法。李舟航的创新性工作包括：

1. 全周加热光管中浮升力是管内上升流动引起局部传热恶化的主要原因，质量流速G和管径d与超临界水发生传热恶化的界限热流密度呈非线性关系，引入工质对单位壁面的冷却能力G/d，提出了适用范围更广、精度更高的全周加热光管内超临界水传热恶化的新判据：$q>d\left(0.36\dfrac{G}{d}-1.1\right)^{1.21}$。

2. 发现了内螺纹管肋结构改变对浮升力变化的影响规律：在上升流动中，随着无量纲肋几何因子$\left(\dfrac{\alpha}{90^\circ}\right)\times\left(\dfrac{e}{d_i}\right)\times\left(\dfrac{e}{s}\right)$的增加，浮升力对换热的削弱逐渐消失，对换热的强化作用趋于一致；在下降流动中，$\left(\dfrac{\alpha}{90^\circ}\right)\times\left(\dfrac{e}{d_i}\right)\times\left(\dfrac{e}{s}\right)$增大时，浮升力对换热的强化作用基本不变。

3. 揭示了强制对流换热过程中周向加热条件和湍流强化装置（内螺纹）的无关性，提出了定压比热的径向积分效果在超临界流体强制对流换热中的主导作用。

4. 流场边界层内对数区初段（$y^+\approx30\sim100$）的湍流强度对超临界流体的整体换热特性至关重要。该区域起到了桥梁的作用，实现了近壁面热流体和主流冷流体之间的动量、能量传递，浮升力正是通过使近壁面流体加速、减小径向湍流切应力进而削弱该区域中的湍流强度来恶化上升流动的换热。浮升力对换热的影响是一种局部（当地）效应，半周加热时由于管壁内热量沿周向的均流作用，浮升力的影响被削弱，传热恶化只有在更高的热流密度下才会出现。内螺纹管也是通过增强对数区初段的湍流强度来改善混合对流换热的，该区域内湍流的强化是通过螺旋内肋引起的近壁面强螺旋流动或横肋管肋后的漩涡和回流来实现的。

李舟航的博士论文指出了改善混合对流换热和强化强制对流换热的有效途径，对超临界/超超临界锅炉水冷壁、反应堆等超临界设备中换热器的设计和优化是有指导意义的。相信本文对动力工程及工程热物理、反应堆工程及其他相关专业的研究工作者加深对超临界压力流体传热的理解也是大有裨益的。

吕俊复

清华大学能源与动力工程系

2017年7月于北京

摘　要

垂直管中超临界水传热特性的理解和分析是超临界/超超临界锅炉垂直管圈水冷壁设计的基础之一。论文基于实验研究、数值模拟并结合理论分析，对全周/半周加热光管/内螺纹管中超临界流体的对流换热进行了系统研究，深入分析了浮升力的影响规律以及超临界流体强制对流换热和内螺纹管改善混合对流换热的机理。论文取得如下的主要结论。

强制对流条件下，浮升力对超临界流体对流换热的影响可忽略，上升、下降流动的换热特性基本相同，影响换热的主导因素是定压比热 c_p 沿径向的积分效果，其他因素通过改变该积分效果来间接地影响换热。c_p 的径向积分是流场的局部特性，半周/全周加热中局部热流密度相同时流体的局部换热特性一致，全周加热的 Jackson 强制对流换热关联式在半周加热时依然适用。此外，由于湍流强度并非主导因素，内螺纹引入的额外湍动对换热的贡献很小，与光管相比内螺纹管的传热优越性并不明显，肋结构(肋高、节距、螺旋角、肋形状)发生改变时内螺纹管的传热特性变化不大，都能使用光管的 Jackson 强制对流换热关联式进行预测。

浮升力影响很明显时流动形态转变为混合对流。对于上升流动，浮升力通过使近壁面流体加速、减小径向湍流切应力进而削弱边界层对数区初段($y^+\approx30\sim100$)内的湍流强度来恶化换热。全周加热光管中浮升力对换热的影响最强，会引起严重的局部传热恶化。质量流速 G、管径 d 与超临界水传热恶化发生时的界限热流 q 呈非线性关系。引入了工质对单位壁面的冷却能力 G/d 后，提出了新的传热恶化判据：$q>d\ (0.36G/d-1.1)^{1.21}$。新判据的适用范围更广，预测准确性优于已有判据。由于浮升力影响是一种局部(当地)效应，半周加热时由于管壁内热量沿周向的均流作用，浮升力的影响被削弱，传热恶化只有在更高的热流密度下才会出现。螺旋内肋管中近壁面流体剧烈的螺旋流动和横肋管肋后的漩涡和回流强化了对数区初段的湍流扩散，从而改善了混合对流换热。内螺纹管改善上升流动混合对流换热的程度与肋结构有直接关系。随着无量纲肋结构因子$(\alpha/90^\circ)\times$

$(e/d_i)\times(e/s)$的增加，浮升力对换热的先削弱、后增强现象逐渐消失，趋向于持续地强化换热。

对于下降流动的混合对流换热，半周加热时浮升力对换热的强化作用弱于全周加热时；内螺纹管的传热特性与光管相差不大，肋结构发生变化时浮升力对换热的强化程度基本不变，螺旋肋对换热的强化作用不明显。

关键词：超临界流体对流换热；光管；内螺纹管；浮升力；周向加热条件

Abstract

It is of great importance to well understand heat transfer characteristic of supercritical water in vertical heated tubes since vertical water walls have been widely used in supercritical/ultra-supercritical pressure boilers. In this dissertation a systematic study has been conducted experimentally and numerically on heat transfer to supercritical fluids in smooth tubes (ST) and internally ribbed tubes (IRT) under circumferentially uniform/non-uniform heating. Effects of circumferential heating condition, buoyancy and mechanism of supercritical heat transfer were well analyzed. Main conclusions drawn are as follows.

At low q/G, buoyancy effect is negligible and forced convection occurs. Heat transfer with upward flow barely differs from that with downward flow. Radial integral effect of specific heat c_p dominates forced convection heat transfer. This integral effect is determined by local conditions (G, q, etc), so circumferential heating condition (uniform or non-uniform heating) has little effect on heat transfer once local conditions are the same. Moreover, since the contribution of flow turbulence is overwhelmed by that of c_p, IRT hardly presents superior heat transfer performance over ST, and heat transfer characteristic of IRT changes little as rib geometries (height, pitch, helix angle, and rib shape) vary. Jackson Nusselt correlation for uniformly-heated ST can accurately predict forced convection heat transfer in one-side heated ST and in IRT.

Athigh q/G buoyancy effect is more significant and flow pattern becomes mixed convection. In upward flow, buoyancy impairs flow turbulence in the boundary layer region similar to $y^+ \approx 30 \sim 100$ for isothermal flow, which leads to the impairment of heat transfer. The negative effect of buoyancy is the strongest when supercritical fluids flow through uniformly-heated ST and can result in serious local heat transfer deterioration (HTD). The critical heat flux q at which HTD occurs increases non-linearly with the increase of mass flux G and the decrease of tube diameter d. A new criterion $q > d\,(0.36G/d - 1.1)^{1.21}$, where q/G representing the cooling capacity of water to the tube wall was introduced, was proposed for predicting HTD of supercritical water. The new criterion has better accuracy and is applicable to a wider range when compared with current criteria. Flow turbulence in the radial region of $y^+ \approx 30 \sim 100$ is intensified through circumferential heat conduction along the tube wall in one-side heated ST, where HTD occurs at higher q. Internal ribs also improve mixed convection heat transfer by intensifying flow turbulence in the aforementioned region through swirl flow near the wall in the helically rib-roughened tube or vortex downward the rib in the transversely rib-roughened tube. In IRT as geometric parameter $(\alpha/90°) \times (e/d_i) \times (e/s)$ increases, buoyancy-induced impairment of heat transfer gradually disappears and buoyancy tends to consistently enhance heat transfer.

As for downward flow in mixed convection, enhancement of heat transfer is more obvious when buoyancy effect becomes stronger. Buoyancy has a smaller effect under circumferentially non-uniform heating when compared with uniform heating, and heat transfer characteristic of IRT is similar to that of ST. As rib geometries vary, positive effect of buoyancy on heat transfer changes little.

Key words: Supercritical heat transfer; smooth tube; internally ribbed tube; buoyancy effect; circumferentially uniform and non-uniform heating

主要符号对照表

英文字母变量

Bo	基于平均密度的 Jackson 浮升力准则数，$Bo=Gr_b^* / Re_b^{3.425} Pr^{0.8}$
Bo^*	基于热流密度的 Jackson 浮升力准则数，$Bo^* = \overline{Gr_b}/Re^{2.7}$
c_p	定压比热，kJ/(kg·K)
d	管内径，m
d_h	水力直径，m
d_i	内螺纹管大内径(肋底到肋底)，m
d_o	管外径，m
e	肋高，mm
G	质量流速，kg/(m^2·s)
G_o	低质量流速技术中的界限质量流速，kg/(m^2·s)
$\overline{Gr}$	基于平均密度的格拉晓夫数，$\overline{Gr}=(\rho_b-\bar{\rho})d_h^3 g/(\rho\nu^2)$
Gr^*	基于热流密度的格拉晓夫数，$Gr^* = q\beta g d_h^4/(\lambda\nu^2)$
g	重力加速度，$g=9.8\text{m/s}^2$
H	焓值，kJ/kg
H_{pc}	拟临界点处的焓值，kJ/kg
k	湍动能，m^2/s^2
L_h	管加热段长度，m
L_{iso}	管绝热段长度，m
m	质量流率，kg/s
N_s	内螺纹管螺纹头数
Nu	努谢尔特数
p	压力，MPa
p_{cr}	临界压力，MPa

Pr	普朗特数,$Pr=\mu c_p/\lambda$
q	全周加热条件下内壁面热流密度,kW/m^2
q_{ave}	内壁面平均热流密度,kW/m^2
q_{max}	内壁面最大热流密度,kW/m^2
q_o	外壁面热流密度,kW/m^2
q_v	内热源强度,W/m^3
R	管半径,m
Re	雷诺数,$Re=Gd_h/\mu$
r	径向坐标,壁面处 $r=R$
s	内螺纹管节距,mm
T_b	流体整体平均温度,K(℃)
T_{cr}	临界温度,K(℃)
T_{iw}	内壁面温度,K(℃)
$T_{iw,ave}$	内壁面基于面积的平均温度,K(℃)
$T_{iw,dif}$	周向壁温偏差,$T_{iw,dif}=T_{iw,max}-T_{iw,min}$,K(℃)
$T_{iw,max}$	周向最大内壁温,K(℃)
$T_{iw,min}$	周向最小内壁温,K(℃)
T_{ow}	外壁面温度,K(℃)
T_{pc}	拟临界温度,K(℃)
T_∞	管中心($r=0$)处流体温度,K(℃)
u	轴向速度,m/s
u_{max}	轴向速度的径向最大值,m/s
u^*	摩擦速度,$u^*=\sqrt{\tau_w/\rho}$ m/s
w	内螺纹管周向肋宽,mm
x	轴向坐标,m
y	到管内壁面的距离,$y=(R-r)$mm,壁面处 $y=0$

希腊字母变量

α	内螺纹管螺旋角,(°)
β	体积膨胀系数,1/K
ΔT	$\Delta T=T_{iw}-T_b$,K(℃)
δ	管壁厚度,mm

φ	周向角度,(°)
λ	导热系数,W/(m·K)
ρ	密度,kg/m^3
$\bar{\rho}$	平均密度,$\bar{\rho}=[1/(T_w-T_b)]\int_{T_b}^{T_w}\rho dT(kg/m^3)$
μ	动力黏度,Pa·s
ν	运动黏度,m^2/s
θ	无量纲过余温度,$\theta=(T_w-T_r)/(T_w-T_\infty)$
τ_w	壁面切应力,Pa
ε	湍流耗散率,m^2/s^3
ω	特定湍流耗散率,1/s

英文缩写

AF	传热强化因子,$AF=Nu_{IRT}/Nu_{ST}$
cal	计算值
cor	关联式预测值
CPF	常物性流体
DNB	偏离核态沸腾(膜态沸腾)
DHT,HTD	传热恶化
EHT	传热强化
exp	实验值
FC	强制对流
HTC	对流换热系数,$kW/(m^2·K)$
Int	定压比热沿径向的积分效果,kW
IRT	内螺纹管
IRT_A	Ackerman[15]实验中采用的内螺纹管
IRT_L	本文实验中采用的内螺纹管
IRT_YP	Yang & Pan[57]实验中采用的内螺纹管
JAC	Jackson 关联式
$SCCO_2$	超临界二氧化碳
SCW	超临界水
ST	光管
VPF	变物性流体

目　录

第1章 引　　言

1.1 课题背景

1.1.1 超(超)临界锅炉

提高蒸汽循环发电效率的有效途径之一是提高火力发电厂的蒸汽参数。通过提高锅炉的主蒸汽参数(压力、温度),可以改善朗肯循环的效率,从而提高能源利用效率。这一点已经为大量的研究结果和运行经验所验证。对于我国来说,由于煤在一次能源结构中占主导、燃煤发电在总发电量中占主体,因此大容量的超临界/超超临界燃煤机组是提高发电效率、降低污染排放的重要发展方向。自20世纪90年代,我国引进不同容量的超临界机组及其设计制造技术[1],到2014年底,我国已有260余台600MW级超临界机组、40余台660MW超超临界机组、50余台1000MW超超临界机组已建成或在建。作为超临界火力发电的核心设备之一,超临界锅炉的关键技术之一是水冷壁的设计。如图1.1所示,与亚临界自然循环锅炉不同,超临界锅炉水冷壁中驱动工质向上运动的不再是管进出口的工质密度差,而是入口处的给水泵头。为了确保水冷壁得到充分冷却,通常水冷壁管内

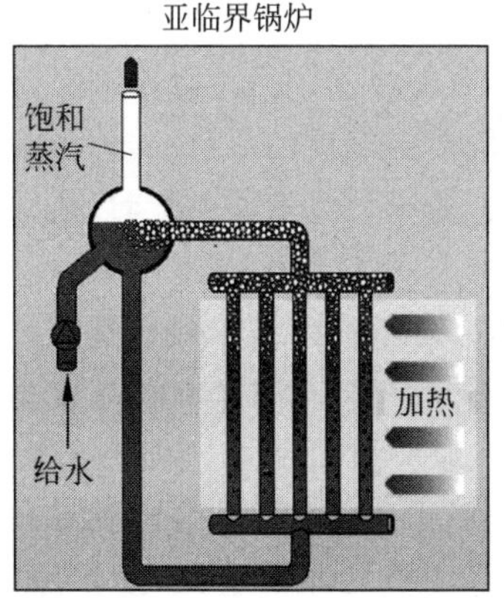

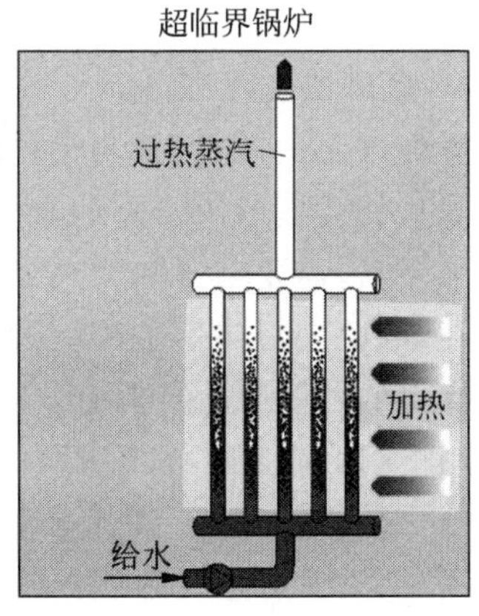

图1.1　亚临界锅炉与超临界锅炉水冷壁内工质流动方式对比

工质采用较高的质量流速，这在一定程度上导致水动力丧失了亚临界的自然补偿特性，受热负荷的分布不均会导致管屏内工质逆向分布不均，进一步恶化壁温偏差现象。

为了维持在宽负荷范围内高效发电，超临界机组需要能够变压运行。经过长期的探索和实践检验，超临界锅炉中水冷壁不得不采用一次上升管，通常有垂直布置和螺旋布置两种形式。螺旋管圈的最大优点是水冷壁沿周向旋转上升，依次经过受热强度高和受热较弱的区域，有效地减少了单根管总吸热量的偏差。螺旋管圈的其他优点包括水动力稳定性好、可选用较大管径以减小管径偏差对并联管组水动力特性的影响。但由于水冷壁管螺旋上升，因此流动阻力大，水冷壁吊挂系统结构复杂，对设计和安装的要求都比较高[2]，制造和安装工程难度和工程量大。受吊挂系统结构复杂化的限制，螺旋管圈水冷壁锅炉的容量是有限制的，1000MW 被认为是容量的上限[3]。此外，对于某些炉型，如 W 火焰锅炉，采用螺旋管圈会使上下炉膛交接处、炉拱、翼墙等区域的结构实现非常困难，故不宜采用。

与螺旋管圈相比，垂直管圈的优势在于本身结构和吊挂系统都比较简单，便于安装和维修；质量流速低，流动阻力小；灰渣较易脱落，水冷壁积灰结渣量少。垂直管圈的主要缺点就是并联管间的热偏差太大，出口工质温度偏差大，比较严重时会引起局部管壁超温甚至鳍片撕裂、爆管等现象。目前垂直管圈中常用的解决热偏差的方法有：

- 水冷壁管入口处设置节流管圈，通过增加局部阻力来调节并联管内的工质流量分布，使管内流量与吸热量对应；
- 上炉膛设置中部混合集箱，对工质进行混合以减小温差，同时又有压力平衡的作用；
- 低质量流速技术。

以上三种方法中，前两种属于热偏差出现后的一种被动的调整，尤其是水冷壁管入口处设置节流管圈的方法，对于节流管圈的设计、加工精度和安装精度要求极高，需要丰富的实践经验。而低质量流速技术由于具有正流量响应特性，因此是对热偏差的一种主动的调整。低质量流速技术是由西门子公司提出的，其工作原理如图 1.2 所示。该技术中水冷壁垂直管屏使用 Benson 优化内螺纹管，将管屏中的最大质量流速控制在界限质量流速 G_0（1000kg/($m^2\cdot s$)左右[4]）以下，此时 Benson 管中重位压降在总压降中占主导作用，垂直管屏中受热较高的管中重位压降较低，质量流速增加，出现了类似亚临界自然循环的正流量响应特性，充分利用了水动力的自补偿

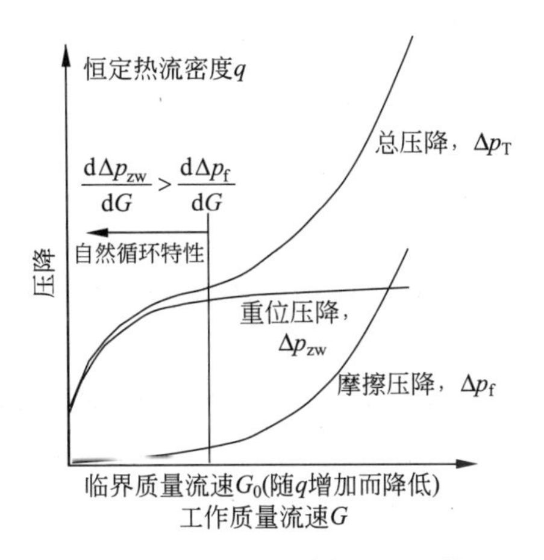

图1.2　低质量流速垂直管圈的工作原理

特性。该技术由于成本低、流阻小、结构和启动简单，自2000年首次生产运用后已经得到了快速的发展[4]。但低质量流速技术也有一定的局限性，即界限质量流速G_0会随热流密度的增加而降低。管屏受热不均后，并联管内G_0不同，出现不同的流量响应特性，壁温偏差依然存在。因此，低质量流速技术能改善，但不能完全消除壁温偏差现象。

目前来说，已运行的超临界垂直管圈锅炉普遍对热偏差很敏感，管屏壁温最大偏差一般可达50～80℃。随着机组的大容量化，炉内宽度、深度方向的热偏差会进一步增加。特别地，对于一些特殊的炉型，如超临界W火焰煤粉炉，由于炉膛宽深比很大，热负荷偏差、流量偏差引起的温度偏差会更明显，最高壁温偏差高于100℃，已运行的许多超临界W煤粉炉在运行过程中都出现了水冷壁鳍片撕裂的问题[5]。对于循环流化床锅炉，由于炉内的气固两相流导致非垂直受热面存在潜在的磨损风险，故而水冷壁必须采用垂直布置，而一次上升这一要求导致水冷壁管内工质的质量流速难以达到较高的水平。因此，开展超临界流体在垂直光管、内螺纹管中流动和对流换热的研究对于超临界燃煤机组水冷壁的设计具有重要的意义。

1.1.2　超临界流体的特点

严格来说，只有压力和温度都在临界值之上的流体才能称作超临界流体；压力高于临界压力(p_{cr})而温度低于临界温度(T_{cr})的流体称作超临界压缩液体；压力高于临界压力而温度高于临界温度的流体称作超临界过热蒸汽。通常所说的超临界流体包含了超临界压缩液体(拟液态)和超临界流体

(拟气态)。随着温度的升高超临界流体的物性发生连续的变化,并不存在亚临界下的两相共存区。

超临界流体物性的变化虽然是连续的,但对于温度十分敏感,某些物性还呈现出一定的非单调性,例如定压比热 c_p、导热系数 λ。图1.3给出了无量纲压力 p/p_{cr} 为1.05时水和二氧化碳的物性随温度的变化情况,图中纵坐标是使用临界物性值无量纲化后的值。随着温度的升高,水($p_{cr}=22.064\text{MPa}$, $T_{cr}=647.1\text{K}$)和CO_2($p_{cr}=7.38\text{MPa}$, $T_{cr}=304.13\text{K}$)的 c_p 都先缓慢增大然后急剧升高,随后急剧减小,最后缓慢降低。这个定压比热值最大的点被称作拟临界点或准临界点,该点的温度称为拟(准)临界温度(T_{pc})。c_p 较大的区域也常被称作大比热区,对于水,大比热区定义为 $c_p>8\text{kJ/(kg·K)}$。流体的密度、导热系数、动力黏度等也呈现出远离 T_{pc} 时的

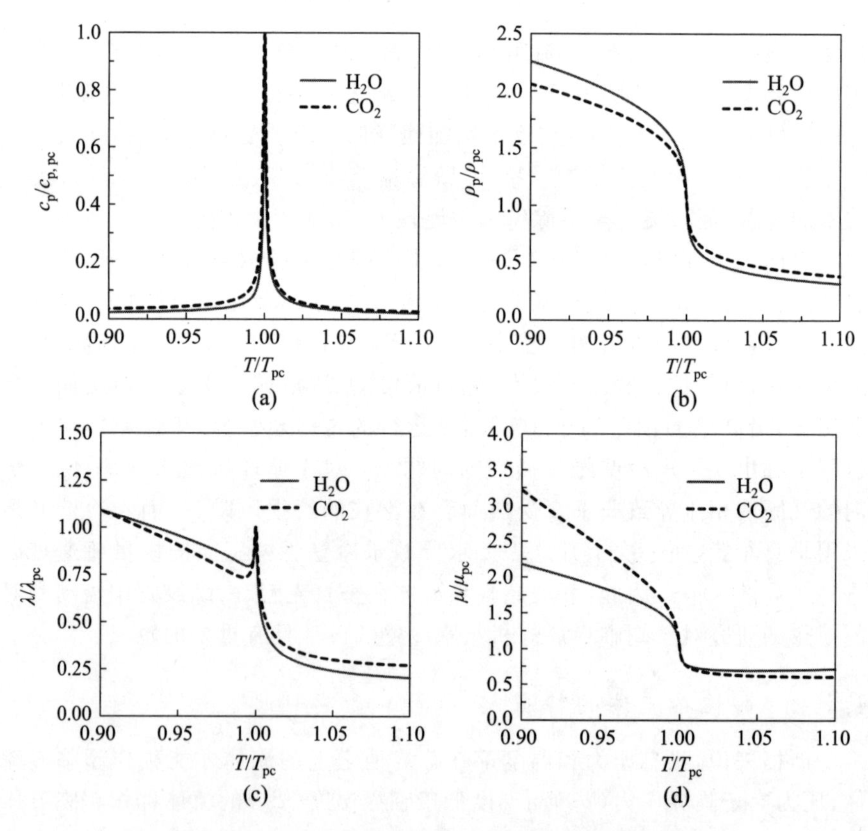

图1.3　$p/p_{cr}=1.05$ 时 H_2O 和 CO_2[6] 物性随温度的变化

(a) 定压比热;(b) 密度;(c) 导热系数;(d) 动力黏度

缓慢变化和靠近 T_{pc}时的剧烈变化。超临界流体物性的这种特殊性质使得其换热特性与亚临界流体相去甚远，尤其是流体温度接近 T_{pc}时。

1.2　光管中超临界流体对流换热的研究综述

1.2.1　超临界流体对流换热的特点和机理

对超临界流体对流换热的研究始于 20 世纪 50 年代，迄今为止，大部分研究是在全周均匀加热垂直光管中展开的，使用的工质主要是水和二氧化碳。Pioro 和 Duffey[7] 对 2007 年以前开展的实验研究进行了全面的总结，以全周受热垂直上升光管中超临界水的对流换热为例，已研究的管径范围涵盖了实验室量级（1mm）和工业装置量级（38mm），质量流速、热流密度、压力等的研究范围也比较充分。目前对超临界流体对流换热的认识和基本理论就是在大量全周加热垂直光管实验数据的基础上整理、分析得到的，本章后续部分中如未指明则都是对全周加热垂直光管中超临界流体对流换热的讨论。

超临界流体物性的特殊变化规律使得其换热也表现出对应的异常现象。在远离拟临界点的区域，物性变化比较平缓，换热系数与亚临界单相流体相比相差不大，可以用类似 Dittus-Boelter 形式的关联式进行较好地估算，此时的传热称作正常传热[7]；在靠近拟临界点的区域，当热流密度和质量流速的比值 q/G 较小时，超临界流体的换热能力相当可观，换热系数的量级与亚临界核态沸腾相当。典型的结果如图 1.4 所示[8]，工质的对流换

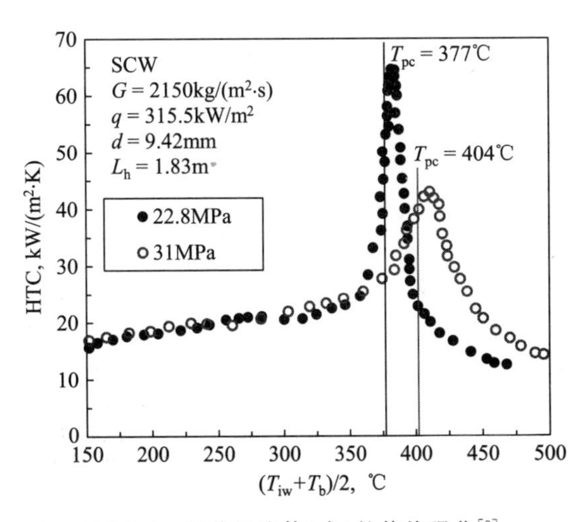

图 1.4　超临界流体（水）的传热强化[8]

热系数 HTC 随着温度的增加而升高，在拟临界点附近达到最高值。此时超临界流体的 HTC 远远高于使用常物性对流换热经验关联式计算得到的预测值，因此这种现象被称作传热强化[7]；而当 q/G 较大时，超临界流体的对流换热会出现局部壁温的飞升和换热系数的剧烈降低。这种现象被称作超临界流体的传热恶化[7]，通常发生在壁温高于 T_{pc} 而主流工质温度低于 T_{pc} 的位置。大量的实验研究表明，压力、温度等因素对传热强化和恶化的影响都是通过物性的变化来实现的。压力越靠近临界压力、温度越靠近拟临界温度，超临界流体的物性变化越剧烈，传热强化越明显[8-10]，传热恶化也越容易发生[10-14]。

超临界流体对流换热发生恶化时，壁温局部飞升的形式与亚临界两相流发生偏离核态沸腾(DNB)很相似，于是有学者[11,15]提出超临界传热恶化是由类似于亚临界膜态沸腾的拟膜态沸腾引起的。随后，对垂直下降和水平光管中超临界流体对流换热的研究大大增加了对超临界传热恶化的理解。Fewster[15]比较了垂直上升流动和垂直下降流动中超临界 CO_2 换热特性的差别，其实验结果如图 1.5 所示，上升流动中，当加热热流密度 q 足够大后，壁温分布出现一个峰值，峰值的大小和位置分别随着 q 的增加而增大和前移。而相同操作条件下，下降流动中传热正常，没有出现类似的壁温异常升高现象。其他学者在类似的研究中也发现了同样的现象[17-19]。在水平光管中，当 q/G 较大时管壁底部的温度始终低于管壁顶部，且温差随着 q 的增加而增大[20-22]。在亚临界两相流动中，膜态沸腾是否发生与工质流动方向无关，垂直上升、垂直下降光管中都会发生 DNB 引起的壁温飞升[23]。

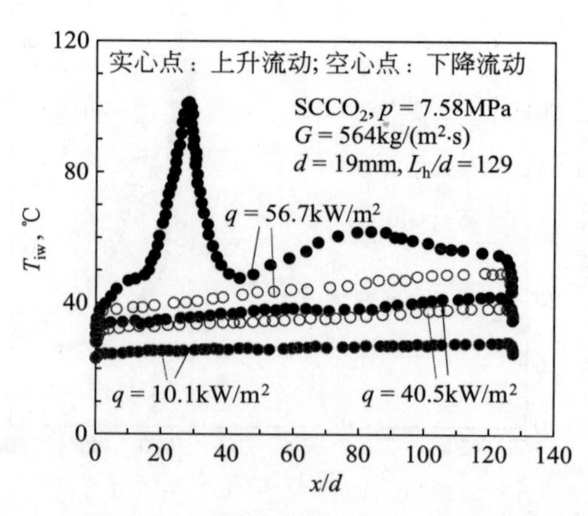

图 1.5　垂直上升、下降流动中超临界 CO_2 换热的比较[16]

因此，拟膜态沸腾只是对超临界对流传热恶化现象的表观描述，不能解释其本质，与流向相关的传热恶化的出现是由于受到了浮升力(重力)引起的自然对流的影响。此类传热恶化通常被称作超临界第一类传热恶化或混合对流恶化[24]。

图1.6较为直观地表示出了物性的剧烈变化对超临界对流换热的影响。对于亚临界单相流体，物性沿径向的变化很微弱，根据经典的对流换热理论，径向温度分布呈抛物线，剪应力 τ 呈线性分布，中心对称轴处 $\tau=0$ (图1.6(a))。对于超临界流体，当质量流速高、热流较低时，如图1.6(b)所示，大比热区的存在使得输入热量较小时，径向的温度梯度小于常物性情况。此时，近壁面边界层内的工质比热很高，其沿径向的累积作用相当于亚临界下的汽化潜热，换热显著增强。当热流增加后，径向温度梯度增大，进而

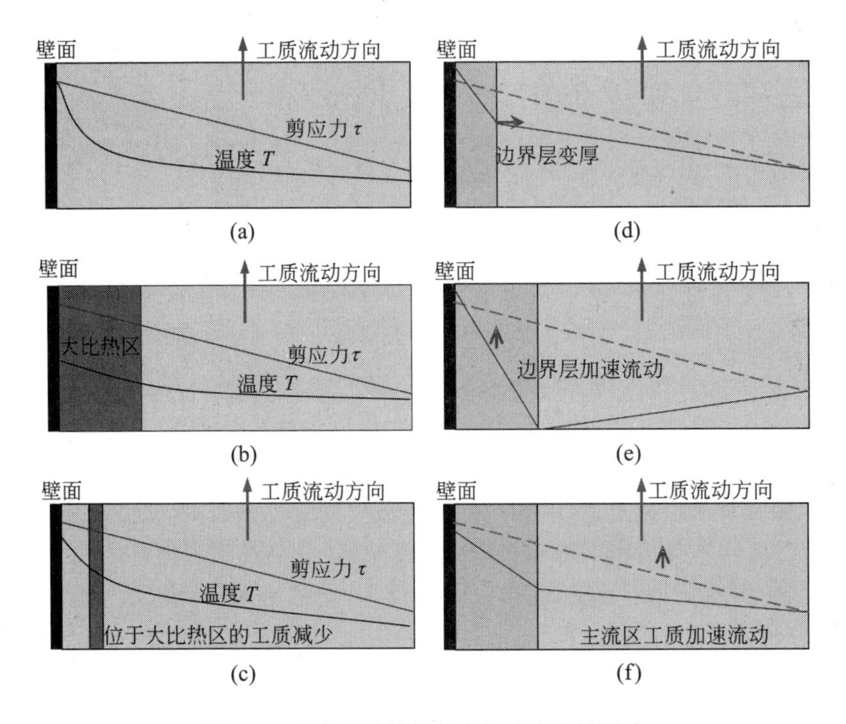

图1.6　超临界流体物性变化对换热的影响

(a) 径向物性变化很微弱时的正常传热；(b) 超临界传热强化(高质量流速、低热流密度)；(c) 超临界传热弱化(高质量流速、相对高的热流密度)；(d) 浮升力引起的超临界传热恶化(低质量流速、相对高的热流密度)；(e) 浮升力引起的超临界传热改善(低质量流速、相对高的热流密度)；(f) 热加速效应引起的超临界传热恶化(高质量流速、高热流密度)

导致位于大比热区的工质份额减少,与低热流时相比换热被削弱(图 1.6(c))。当热流密度进一步增加后,垂直上升光管中混合对流恶化发生。Jackson 和 Hall 提出的"湍流层流化"[25]和双密度层模型[19,26]对此进行了较好的解释。根据该假设和模型,边界层内工质的密度急剧降低,远低于主流区内工质的平均密度,因此边界层内形成了很强的浮升力,浮升力方向与流向一致,近壁面工质速度剧烈升高,但湍流控制区内轴向速度沿径向的分布趋平,径向速度梯度减小、剪应力梯度降低,进而湍流强度降低,湍动换热减弱,混合对流恶化发生(图 1.6(d))。当边界层的厚度增大到与主流工质交界面处的 $\tau=0$ 时,传热恶化最严重,对应于图 1.5 中的壁温峰值点。边界层厚度继续增加,如图 1.6(e)所示,浮升力足够大使得边界层内流体的轴向速度高于主流工质速度,主流区内剪应力方向向下,径向的湍动强度恢复,进而传热开始恢复正常,表现为壁温逐渐降低。当浮升力的作用很大时(例如质量流速很低、管径很大的条件下),图 1.6(d)中的传热恶化并不会发生[27],此时会出现正常的传热(图 1.6(e))或传热强化。对于垂直下降流动,浮升力方向与流向相反,浮升力的存在使得径向速度梯度增加、剪应力增大,湍流能量扩散增强,混合对流恶化不会发生。

在质量流速和热流密度都比较高、管径比较小的情况下,超临界流体还会发生另外一种传热恶化现象,垂直上升、下降管中都会发生壁温的剧烈升高[28,29],恶化的程度、范围一般大于混合对流恶化。此种情况下当主流工质的温度接近 T_{pc}后,密度剧烈地降低,流速明显增加,加速压降增加,促使边界层内剪应力梯度降低以弥补加速压降的增加,如图 1.6(f)所示,进而弱化了径向的湍动能量传递,引起传热恶化。这种传热恶化主要是由流体热加速效应引起的,被称作第二类传热恶化或强制对流恶化[24]。值得注意的是,强制对流恶化是由于物性沿轴向的剧烈变化引起的,通常在管径较小、质量流速和热流密度都相对较高时发生;而混合对流恶化则是由于物性沿径向的剧烈变化引起的,通常在管径较大、质量流速相对较低、热流密度相对较高时发生。

1.2.2　超临界流体对流换热的预测方法

由于难以获得理论分析解,已有的对流换热预测方法大多是基于全周加热光管实验数据得到的经验性方法,其中绝大多数是在 1960—1990 年间提出的。大部分经验关联式都是在 Dittus-Boelter 关联式的基础上,使用不同的定性温度(内壁温度、主流工质温度、膜温度等)、引入不同的物性参数

(定压比热、密度、黏度等)以考虑物性剧烈变化对换热的影响。一些关联式还考虑了入口热效应[9]、浮升力效应[30]或热加速效应[31]。Pioro 和 Duffey[7]详尽地罗列了2006年以前提出的经验关联式及其适用范围,此处不再赘述。2006年以后,一些学者们认为以前的关联式在拟合过程中使用的物性值不够准确,尤其是在拟临界点附近,因此关联式本身可能会有一些误差;此外,由于测量技术的提高,新的实验数据可能更为可靠。于是,基于新的实验数据或是对以前的数据进行重新整理后,一些新的换热关联式[31-37]又陆续被提出。

已有的预测方法大致可分为三类。第一类是基于一定范围内的实验数据拟合得到的纯经验性关联式,其中一些关联式使用的是正常传热和传热强化时的数据,如 Swenson 关联式[8]、Bishop 关联式[9];另一些关联式使用的数据还包含了传热恶化时的数据,如 Yamagata 关联式[10]、Mokry 关联式[33]。此类关联式在拟合时所用的数据不同,因此有必要对它们的精度和外推适用性进行比较。Hall 等[38]对1966年以前的关联式(都是基于内径小于11mm的实验数据得到)进行了比较,结果发现关联式的预测值与测量值都有较大的偏差,尤其是在拟临界区域。苏联学者在1970—1990年期间对换热关联式进行了大量的比较[39],得出的结论与 Hall 等人类似。Pioro 等[40]的比较发现,使用了平均定压比热的关联式(例如 Jackson 关联式[41])比使用定压比热的关联式预测性好。Jäger 等人[42]使用了来自6个数据库的实验点对15个关联式进行了比较后,认为 Bishop 关联式[9]的总预测性能最好。Zahlan 等[43]使用取自28个数据库的6663个数据点对13个关联式进行了预测,发现 Mokry 关联式[33]的预测性最好。

第二类经验性关联方法是变物性强制对流换热关联式,其代表人物是 Jackson 和 Hall[26]。他们认为物性剧烈变化引起的浮升力使管内的强制对流转变成混合对流,为了获得纯粹的变物性强制对流换热关联式,就必须排除浮升力的影响。基于双密度层模型和实验数据,他们提出当式(1-1)成立时浮升力对传热的影响小于5%,可以忽略:

$$Bo = \frac{\overline{Gr}_{\mathrm{b}}}{Re_{\mathrm{b}}^{2.7}} < 10^{-5}, \quad 其中 \quad \overline{Gr}_{\mathrm{b}} = \frac{(\rho_{\mathrm{b}} - \bar{\rho}) g d^3}{\rho_{\mathrm{b}} \nu_{\mathrm{b}}^2} \tag{1-1}$$

Jackson 和 Hall 根据式(1-1)剔除了受浮升力影响的共约2000个实验点(75%是水,25%是二氧化碳),并使用这些数据对16个关联式进行了比较,发现 Krasnoshchekov 和 Protopopov 关联式[44]及其 Dittus-Boelter 形式的 Jackson 变型式[41]的预测性能最好。Loewenberg 等[45]查阅了12篇公开发表的文献，使用与Jackson等相同的方法剔除了入口热效应和浮升力效应后得到了5744个充分发展的变物性强制对流换热的实验点，并据此制作了适用于强制对流换热的插值表。

将已有文献中表现较好的几种经验性预测方法罗列在表1.1中。由于将压力、质量流速等实验条件直接与壁温、换热系数联系起来，而不用间接地通过物性计算换热系数，所以Loewenberg插值表的准确度在已公开发表的文献中是最高的，但是其适用范围有限，尤其是压力的范围过窄，而且使用起来不方便。同样是对变物性强制对流换热的预测方法，Jackson关联式则较为方便，预测误差也在工程允许范围内，而且对超临界CO_2和超临界水的预测准确性相当，表现出一定的工质无关性。Mokry关联式的推导和校验过程中并没有剔除受浮升力影响的点，因此，它预测的换热实际上是包含了混合对流。尽管如此，Mokry关联式依然具有较好的预测准确性。

表1.1 文献中准确性较好的对流换热经验性预测方法

预测方法	校验数据	校验结果	适用范围(H_2O)
Jackson关联式[41]	传热正常和强化时的数据，剔除了浮升力的影响；共2000个实验点(25% CO_2，75% H_2O)	平均误差：5.3% 标准偏差：23.7%	强制对流 p:22.5～26.5MPa G:700～3600kg/(m^2·s) q:<0.6GkW/m^2 d:1.6～20mm
Loewenberg插值表[45]	传热正常和强化时的数据，剔除了入口热效应、浮升力的影响；共5744个H_2O实验点	平均误差：−1.7% 标准偏差：10.2%	强制对流 p:22.5～25MPa G:700～3500kg/(m^2·s) q:300～1600kW/m^2 d:8～20mm
Mokry关联式[33]	传热正常和强化时的数据；共6663个H_2O实验点	平均误差：−8.5% 标准偏差：20.9%	混合对流 p:22.8～29.4MPa G:200～1500kg/(m^2·s) q:70～1250kW/m^2 d:3～38mm

第三类方法是具有明确物理意义的半经验性模型，此类模型中除包含物性修正项以外，还引入表征浮升力的参数来定性、定量地表征浮升力对超临界流体换热的影响，如 Jackson 模型[19]、Watts 和 Chou 模型[30]。如图 1.7 所示，Jackson 模型能够定量地预测垂直上升光管中传热恶化的趋势和程度及随后的传热恢复和强化，其对垂直下降光管中传热强化的预测则更加准确。近年来，Jackson[24,46,47]等在原有模型基础上进一步考虑了热加速效应的影响，将强制对流换热关联式、浮升力效应判据和热加速效应判据相结合，得到了适用性更广的模型。此类半经验性模型具有明确的物理意义，能够预测传热恶化的趋势和程度，但由于推导中存在简化和假设，模型中有部分参数需要通过实验数据来确定。

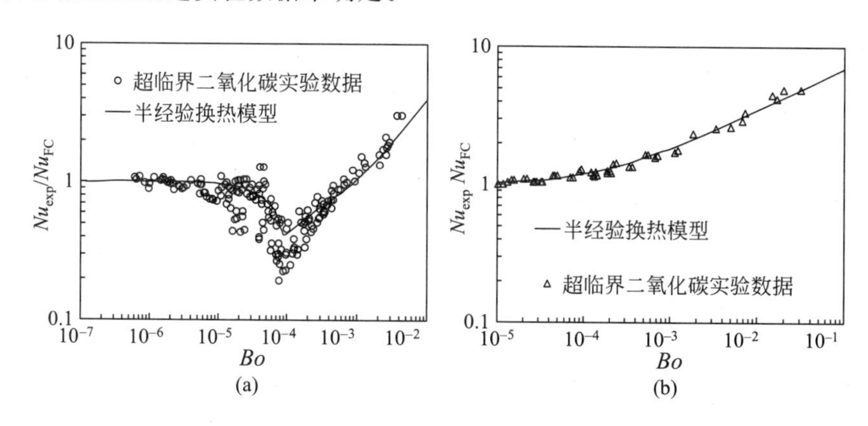

图 1.7　Jackson 适用于超临界流体的半经验换热模型[19]
(a) 上升流动；(b) 下降流动

除对流换热经验预测方法外，学者们还提出了不同的传热恶化判据来更为直观地判断某种操作条件下超临界传热恶化是否发生。已有的判据可分为两类。第一类判据中界限热流密度 q 只与质量流速 G 有关，即具有 $q=f(G)$ 的形式。此类判据使用起来比较方便，但是适用范围有限。第二类判据考虑了流体局部物性变化以及压力、管径等因素的影响，热流密度不直接体现在表达式中，而是通过壁温、物性项隐含在判据里，即 $f(Re,Gr,T_{iw},T_b,\beta,\cdots)>C$。不同学者提出的此类判据中选取的物性项和依据的实验数据不同，因此判据的结构和适用范围都有较大差别，详见文献[48-50]。大部分第二类判据的一个共同缺点是使用时必须知道壁面温度 T_{iw}，这导致传热恶化判据的预测准确性依赖于对流换热关联式的准确性。胡志宏[51]的工作证实了这一缺点。第二类判据中也有部分判据未包含壁温，避免了换热关联式的使用。比如[19]：

$$Bo^* = \frac{Gr_b^*}{Re_b^{3.425} Pr^{0.8}} < C, \quad 其中 \quad Gr^* = \frac{q\beta_b g d^4}{\lambda_b \nu_b^2} \tag{1-2}$$

已有研究中对现有传热恶化判据的比较不多。Kirillov 等[48]仅使用了一种管径(10mm)下的实验数据对不同判据进行了比较。Grabezhnaya 等[52]比较了 3 个第一类判据和 3 个第二类判据，发现第一类判据的预测准确性优于第二类判据。对于判据(1-2)中的临界值 C，不同学者得到的结论差别较大(2×10^{-6}[15]，6×10^{-6}[19]，1×10^{-6}[29]，5×10^{-7}[53])。因此，有必要在更宽泛的实验范围内对已有的传热恶化判据进行比较。

1.2.3 半周加热光管中超临界流体的对流换热

对于超临界锅炉，膜式水冷壁向火侧吸收来自炉膛的热量，而背火侧绝热，水冷壁沿周向的受热并不是均匀的。然而与全周加热相比，半周加热在实验中实现的难度较高，因此对半周加热光管中超临界换热的研究很少，且集中于垂直上升流动。Ishikawa 等[54]采用辐射电阻炉首次公开报道了半周加热光管($d=18.8$mm)中超临界水的换热情况。他们发现 HTC 沿周向不均匀分布，最大值出现在周向角 $\varphi=45°$处(受热侧中点处 $\varphi=0°$)。随着流体温度的升高，HTC 的周向偏差逐渐增大，在 T_{pc} 附近达到最大值后开始降低。胡志宏[51]采用通电加热半周镀银不锈钢管的方式研究了内径为 26mm 的光管中超临界水的对流换热。他发现当 q/G 较小时，内壁温度的周向偏差较小(小于 30K)；当 q/G 较大时，内壁温度的周向偏差却能高达 140K。实验中 HTC 的最大值总是出现在 $\varphi=180°$处(未镀银侧中点)，这与 Ishikawa 等的结论相矛盾。胡志宏还比较了不同周向加热条件下传热恶化发生时的界限热负荷，指出半周加热时的界限热负荷(镀银侧中点处的局部热负荷)大致等于全周加热时的界限热负荷。这一结论暗示半周加热对改善传热恶化的作用似乎不明显。然而孙丹[55]的研究则表明当全周加热光管出现局部壁温升高时，相同的操作条件下半周加热光管壁温平稳上升，半周加热条件下传热恶化的界限热负荷提高。

关于半周加热条件下的对流换热经验关联式，胡志宏[51]发现 $q/G<0.33$kJ/kg 时，周向局部的 HTC 实验值与使用全周加热关联式计算得到的预测值相差不大；而当 q/G 增大到 0.5kJ/kg 后，全周加热关联式的预测值远大于半周加热的实验值。

总的来说，已有研究结论存在矛盾，周向加热条件对超临界流体换热的影响研究尚不够充分。

1.3　内螺纹管中超临界流体对流换热的研究综述

1.3.1　全周加热内螺纹管中超临界流体的对流换热

与光管中超临界流体对流换热的研究相同，已有的对内螺纹管传热特性的研究也基本是在全周加热的条件下开展的。作为一种常用的亚临界传热强化技术，内螺纹管被引入到超临界传热正是为了抑制光管中传热恶化的发生。起初另外一些亚临界传热强化技术被首先引入到超临界传热，如扰流器[20]、扭带[17]、螺旋线[56]等。美国B&W公司的Ackerman[15]首次将内螺纹管引入到超临界水的对流换热，典型的实验结果如图1.8所示，相同工况下内螺纹管中超临界流体的换热明显增强。目前来说，内螺纹管是使用最为广泛的抑制超临界传热恶化的技术，大量学者陆续研究了不同结构的内螺纹管中的超临界换热，如表1.2所示。这些学者的研究结果都表明，对于q/G比较大、光管中发生了传热恶化的工况，内螺纹管能有效地抑制光管中出现的混合对流恶化。

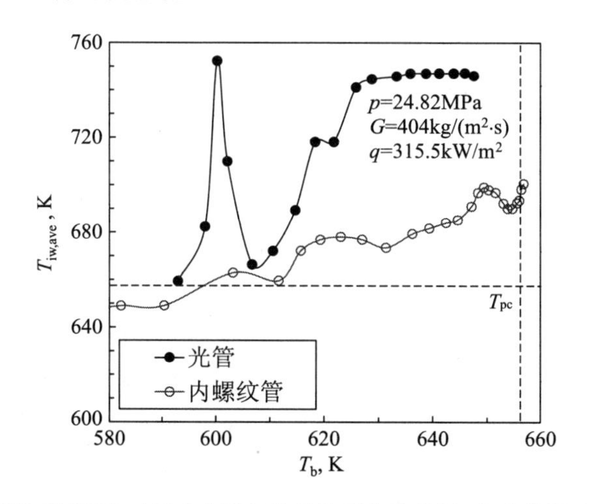

图1.8　内螺纹管(IRT)对浮升力引起的传热恶化的抑制(实验数据：超临界水[15])

表1.2　超临界、近临界区已研究的内螺纹管结构参数(垂直上升流动)

研究者	d_i,mm	δ,mm	s,mm	N_s,-	e,mm	w,mm	A,°	L_h,m
Ackerman[15]	18	5*	21.8	6	0.9*	4*	24	1.83
Yang et al.[57]	21	6	22.7	4	0.85	5.3	36	2

续表

研究者	d_i,mm	δ,mm	s,mm	N_s,-	e,mm	w,mm	A,°	L_h,m
Nishikawa et al.[58]	10.8	4.6	6.9	12	0.55	0.44	22	2
Suhara et al.[59]	14	5.7	8.6	1	0.7	3.7	79	0.4
Suhara et al.[59]	15.8	4.8	22.5	4	0.9	6.0	29	0.4
Wang WS et al.[60]	15.8	6.4	21.5	4	0.85	4.8	30	2
Wang JG et al.[61-63]	18.6	6.6	11.6	6	1.2	4.8	40	2
Pan et al.[64]	20	6	19	4	0.92	4.6	39.5	2

* 表示该结构参数是根据文献中的实物图及其他尺寸得到的估计值。

已有的对内螺纹管中超临界流体对流换热的研究集中于垂直上升(表1.2)、倾斜上升流动[65-68],缺乏对垂直下降流动的研究。此外,对垂直上升流动换热的研究集中于$Bo<10^{-4}$范围内,在此范围内,表1.2中的内螺纹管都能较好地抑制光管中出现的混合对流恶化,但浮升力影响更强时、即更大Bo数下内螺纹管中是否会出现混合对流恶化尚不明了。一些学者报道了设置有其他扰流装置(螺旋丝、扰流器)的垂直流道中浮升力对换热的影响。Li等人[69]在垂直方形通道(水力直径为6.4mm)中插入了一根直径为2.5mm、节距为200mm的螺旋金属丝,发现对于传热正常的情况,螺旋丝的插入并没有显著地增强通道内的传热;而对于传热恶化的情况,螺旋丝的存在只能消除一部分浮升力引起的传热恶化,并不能使之完全消除。Bae等人[70]也研究了螺旋丝对光滑流道内超临界流体传热的影响(螺旋丝直径为1.3mm、节距为100mm,插入内径为6.32mm的光管中),发现加热热流密度较低时,螺旋丝能很好地抑制浮升力引起的传热恶化,但当热流增加后,设有螺旋丝的管中依然会发生明显的传热恶化。将常见的内螺纹管的结构与Li、Bae等研究的螺旋丝进行比较,如表1.3所示,内螺纹管的无量纲肋高和无量纲节距都远小于螺纹丝,因此,内肋对管内产生的扰动有可能大于螺旋丝,即内螺纹管中内螺纹引起的扰动和旋流可能会进一步抑制,甚至消除浮升力引起的传热恶化。然而,Yang等人[71]使用的扰流器具有很高的相对粗糙度,其对流体的扰动强于内螺纹或螺旋丝。他们测量了扰流器下游50mm处的壁温,发现虽然该处工质的传热恶化受到了抑制,但换热依然明显地受到了浮升力的影响。因此,浮升力可能也会明显地影响内螺纹管中超临界流体的对流换热。

表 1.3 扰流装置与内螺纹管结构参数的比较

研究者	扰流装置	水力直径 D_h,mm	等效肋高 e,mm	等效节距 s,mm	e/D_h	s/e
Li, et al.[69]	螺旋金属丝	6.4	2.5	200	0.39	80
Bae, et al.[70]	螺旋金属丝	6.32	1.3	100	0.21	77
表 1.2	内螺纹	15～25	0.58～1.2	10～60	0.03～0.07	17～26
Yang, et al.[71]	扰流器（四头直肋）	4	2	50	0.5	25

另一个值得注意的研究来自 Forooghi 和 Hooman[72,73]。他们研究的波纹管中虽然没有扰流装置，但其壁面具有比较大的曲率。在常物性条件下，即浮升力作用很微弱时，实验表明波纹管中的拐角部分[74,75]和内螺纹管中肋后的区域[76,77]都会出现很相似的边界层流体分离、回流和再附着现象，这三种现象大大增加了管内的湍动，进而导致了传热强化。Forooghi 和 Hooman 发现在垂直上升的波纹管中当浮升力的作用增加时，上述三种现象开始消失，管内湍动能分布大大衰弱，传热恶化很明显。内螺纹管中当浮升力作用很强时，可能也会发生类似的湍流弱化现象，进而引起传热恶化。

以上综述表明，对于内螺纹管中超临界流体的流动和换热，浮升力的影响虽然没有光管中那么剧烈，但也是存在的，已有的研究集中于浮升力影响较小时($Bo<10^{-4}$)，更宽 Bo 数范围内浮升力对换热的影响程度还有待研究。另一方面，目前电站锅炉在超临界化大型化的过程中，为了增加工质在炉膛内的吸热量，同时保证锅炉高度基本不变、结构保持紧凑，垂直下降内螺纹管水冷壁已经被采用。因此，有必要对现有研究中缺乏的内螺纹管中垂直下降流动的超临界流体的对流换热进行研究。此外，已有的对多种内螺纹管传热特性的研究中，学者们讨论较多的是内螺纹管抑制传热恶化的效果，对内螺纹管强化换热的机理分析较少。

1.3.2 半周加热内螺纹管中超临界流体的对流换热

已有文献对半周加热条件下内螺纹管中超临界流体的对流换热研究较少，且集中于垂直上升流动。Suhara 等[59]在 q/G 相对较低的工况下比较了半周加热一头、四头内螺纹管和光管的传热特性，实验结果如图 1.9 所

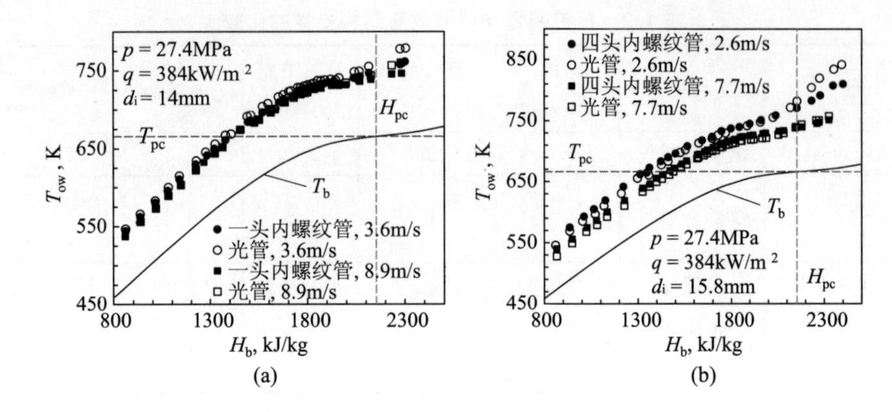

图 1.9　超临界水在内螺纹管和光管中换热的比较[59]

(a) 一头内螺纹管和光管的比较；(b) 四头内螺纹管和光管的比较

示，工质温度较低时，内螺纹管的外壁温分布与光管无明显区别；当工质温度逐渐接近并超过拟临界温度后，高质量流速下二者壁温差别较小，但低质量流速下内螺纹管中壁温较低。此后 Iwabuchi 等人[78, 79]也研究了半周加热的四头内螺纹管中超临界水的对流换热，并提出了计算 Nusselt 数的经验关联式。上述学者都只是在 q/G 较低的范围内($q/G<0.5$kJ/kg)研究了半周加热条件下内螺纹管的传热特性。从 2000 年左右开始，西安交通大学[55, 80]对高 q/G 下半周加热内螺纹管的传热特性开展了一系列研究。陈听宽教授等[80]发现半周加热时内壁最大温度低于全周加热时，受热侧中点处对流换热得到强化。孙丹[55]发现在 23MPa、400kg/(m^2 · s)、550kW/m^2 ($q/G=1.375$kJ/kg)的条件下，半周加热的内螺纹管出现了局部壁温的异常升高，超临界水的对流换热在局部出现轻微恶化。这与光管中出现的混合对流恶化很相似，只是恶化的程度较低，半周加热内螺纹管中可能依然存在浮升力的影响。

1.4　超临界流体对流换热的数值模拟

除实验研究外，学者们也开展了大量光滑流道内超临界流体传热和流动的数值模拟工作，见表 1.4。早期的研究中学者们主要采用的是一阶封闭模型(零方程模型)[81-84]，通过修改涡黏度来考虑物性的影响。由于连续方程和动量方程中未考虑密度变化，所以浮升力和热加速效应的影响被忽略了，模型自身存在缺陷。

表 1.4　部分对超临界流体对流换热的数值模拟(垂直上升光滑流道)

研究者	湍流模型	流动通道*	水力直径，mm	模拟工质	研究工况
Kushizuka et al.[85]	Jones & Launder low *Re* k-ε	圆管	7.5,8,10	H_2O	传热强化 传热恶化
Bae et al.[86]	DNS	圆管	1,1.7,2,3	CO_2	传热强化 传热恶化
He et al.[93]	low *Re* k-ε	圆管	0.948	CO_2	传热强化 传热恶化
Bazargan et al[94-97]	low *Re* k-ε	圆管	4.4,6.3,7.5,9	H_2O	传热强化
Licht et al.[98]	RSM	圆管 环形通道	≈10	H_2O	传热强化 传热恶化
He et al.[87]	7 low *Re* models (V2F)	圆管	1,2,3	CO_2	传热强化 传热恶化
Kim et al.[88]	11 low *Re* models (V2F)	圆管	5,8	CO_2	传热强化 传热恶化
Yang et al.[99]	RNG k-ε	圆管	10	H_2O	传热强化
Wen and Gu[89,90]	6 low *Re* models (V2F,SST)	圆管	3	H_2O	传热恶化
Keshmiri et al.[100]	LES	圆管	<8	CO_2	传热强化 传热恶化
Liu et al.[91]	8 low *Re* models (V2F, SST)	圆管 环形通道	3,8,10	H_2O	传热恶化

* 此处指的是验证湍流模型时，使用的实验数据是来自此流动通道。

此后随着计算机的发展，k-ε 等双方程模型得到了广泛应用，自 1995 年 Kushizuka 等[85]发现低雷诺数(low *Re*)模型能较好地再现实验数据后，近 20 年内学者们使用多种湍流模型和数值方法展开了进一步的研究。其中，Bae 等人[86]完成的直接数值模拟(DNS)工作首次得到了垂直加热圆管中超临界流体流动的瞬态速度分布，并给出了详细的湍流信息分布和平均速度分布。随后，He 和 Kim 等人[87,88]使用 DNS 的数据对 11 种低雷诺数模型进行了比较，发现 V2F 模型的总体预测性能最好，但包括 V2F 在内的所有 RANS 模型都无法准确地预测传热恶化发生后下游的传热恢复现象。近年来，一些学者[89-91]针对传热恶化的工况对包括 V2F、Shear-Stress Transport (SST) k-ω 在内的多种模型进行了比较，结果表明 SST k-ω 模型能在一定程度上定量地预测传热恶化和传热恢复现象。已有研究的一个不足之处是研究的水力直径都较小(<10mm)，如表 1.4 所示，小于实际锅炉水冷壁的管径(14～30mm)。一些变管径的实验研究[15,21,92]表明，管径越大，浮升力对传热的影响越明显，传热恶化越容易发生，大管径条件下湍流模型的适用性还有待考证。此外，几乎所有研究都集中于全周加热条件下，未见对半周加热光管中超临界流体对流换热的报道和分析。

对内螺纹管中超临界流体对流换热的数值研究则相对较少。王为术[101]使用非结构化网格和 RNG k-ε 模型报道过相关的数值计算，但并未使用实验数据对计算模型进行验证，计算结果仅能定性地描述不同因素对换热的影响。Zhao 等人[102]同样是使用非结构化网格和 RNG k-ε 模型研究了垂直上升内螺纹管中超临界水的换热和流动，使用一组实验数据校验了模型后，在较宽的热流、质量流速范围内研究了不同内螺纹管的传热特性，但并未研究浮升力的影响。

1.5　论文的研究方法和内容

1.5.1　研究目标和方法

超临界/超超临界锅炉垂直管屏水冷壁中，管内径通常较大(>14mm)，质量流速相对较低(<1800kg/(m^2·s)[103])，热流密度也较低(<450kW/m^2[103])。如前所述，在上面的运行参数范围内可能出现的超临界传热恶化通常是由浮升力引起的混合对流恶化。本文重点研究的问题就是垂直水冷壁常用的光管/内螺纹管中浮升力对超临界流体对流换热的影响。

对于全周加热光管中浮升力对换热的影响，目前研究较为充分，也有比较多的浮升力影响判据、换热关联式和传热恶化判据。对前两者在宽实验范围内的比较和验证也已经大量展开，但对传热恶化判据的比较还较缺乏。因此，有必要对目前存在的大量传热恶化实验数据进行整理，在此基础上对传热恶化判据进行比较和优化。

锅炉实际运行中水冷壁采用的是半周加热方式。由于实验难度高且边界条件复杂，目前对半周加热光管的实验研究很少，半周加热时浮升力的影响规律也尚不明了。本文将建立数学模型，通过文献中已有的实验数据对模型进行验证，随后系统地分析上升/下降流动中周向加热条件对光管传热特性的影响以及周向加热条件和浮升力影响之间的关系。

内螺纹管对浮升力引起的传热恶化的抑制已经得到了广泛的验证。目前来说，对垂直上升内螺纹管中浮升力影响的研究范围集中在 $Bo<10^{-4}$ 内，更大浮升力影响下内螺纹管的传热特性还有待研究。此外，垂直下降内螺纹管中浮升力的影响规律及其传热特性与光管的差别也尚待考察。本文将搭建内螺纹管双向流动实验台，同时建立相应的数值模型对此展开研究。

此外，由于对内螺纹管的研究集中于实验研究，缺乏详细的管内流场信息，因此对内螺纹管强化换热的机理分析较少。本文在对数值模型进行实验验证后，将对内螺纹管中超临界流体的速度分布、湍流分布等进行详细分析，以进一步揭示超临界强制对流换热和内螺纹管改善混合对流换热的机理。

1.5.2 研究内容

论文主要内容和结构如下：

第1章：对本文的研究背景进行介绍，对已有的研究成果进行归纳和总结，指出目前存在的不足，确定论文的研究内容和方法。

第2章：在宽实验范围内对全周加热光管中超临界水的传热恶化判据进行了比较和优化，提出了精度更高、适用范围更广的新判据；对半周加热光管中浮升力的影响、经验性预测方法和超临界对流换热机理进行了详细的数值研究，系统分析了周向加热条件对光管传热特性、浮升力作用的影响。

第3章：对全周加热内螺纹管中超临界流体上升/下降流动的对流换热进行了实验和数值研究，分析了不同流向下宽浮升力范围内浮升力的影响；在不同的流动形态下，研究了内螺纹管肋结构对内螺纹管传热特性的影响，发现了肋结构改变时浮升力影响的变化规律。

第4章：详细分析了不同流动形态下内螺纹管中的流场分布，指出了影响换热的主导因素，进一步揭示了超临界强制对流换热的机理和内螺纹管改善混合对流换热的根本原因；研究了内螺纹管强化换热效果与流体物性变化之间的关系，指出了超临界流体传热强化装置与常物性流体传热强化装置的异同。

第5章：论文的主要研究成果和未来工作展望。

第2章　不同周向加热条件下光管的传热特性分析

针对引言中归纳的已有研究的不足，本章对全周/半周加热光管中的超临界对流换热进行了研究，首先整理获得了宽管径范围内全周加热光管中超临界水传热恶化的实验数据库，对已有的传热恶化判据进行了比较和分析，通过影响因素的物理分析和关联式优化，提出了精度更高、适用范围更广的新判据；进而对全周/半周加热光管中浮升力的影响、经验性预测方法和超临界对流换热机理进行了详细的数值研究，系统分析了周向加热条件对光管传热特性、浮升力作用的影响。

2.1　全周加热垂直上升光管中超临界水传热恶化判据的分析和优化

2.1.1　已有判据的比较和分析

如引言所述，第二类传热恶化判据必须和换热关联式配合使用，其准确性受制于后者；第一类传热恶化判据较为简单便于使用，但适用范围较窄，且基本都未考虑管径的影响。过往学者们通过实验研究发现管径 d 对传热恶化有较大影响。Shitman[12] 在 $d=8$mm 的光管中进行了实验，发现 q/G 高达 0.65kJ/kg 时传热依然正常，未出现恶化；Styrikovich[92] 等发现对于 $d=22$mm 的光管，$q/G=0.58$kJ/kg 时外壁温度就会剧烈升高至 580℃以上；Ackerman[15] 的结果表明当 d 继续增加到 24.4mm 时，传热恶化更容易发生，$q/G=0.51$kJ/kg 时就出现了恶化。因此，需要在宽管径范围内对已有判据的准确性进行比较，明确不同判据的适用范围。

对公开文献中报道过的传热恶化实验进行了整理，见表 2.1，实验内径范围为 $d=7.5\sim38.1$mm。使用表 2.1 的数据库对以下四个常用判据进行比较。

表 2.1　不同学者的超临界水传热恶化实验条件比较(垂直上升管)

研究者	q,kW/m^2	G,kg/(m^2·s)	d,mm	l,m	p,MPa	T_{in},℃
Yamagata et al.[10]	233～930	1260	7.5;10	1.5	24.5	305
Shitsman[12]	221～700	430～450	8	1.5	23.3	340
Polyakov et al.[106]	570	595	8	—	24.5	210
Ackerman[15]	205～1262	400～1210	8,9.4,18.5,24.4	1.83	31	≈350
Mokry et al.[32,33]	130～730	200～1500	10	4	24.1	320～350
Kirillov et al.[107]	88～375	200	10	1	24.9	350
Alekseev et al.[108]	430～470	380	10.4	0.5	24.5	300
胡志宏等[109]	300～500	600～1000	16	2	24	≈280
Pan et al.[64]	300	400	17	2	22.5	≈300
潘杰等[110]	324～650	1000～1626	17	2	22.5,27	≈310
Wang et al.[62]	660	1200	19.8	2	25,28	≈320
Vikhrev et al.[104]	500～1160	495～1400	20.4	6	26.5	70
Styrikovich et al.[92]	348～872	700	22	—	24	280
Zhu et al.[111]	200～400	600～1200	26	2	23,26,30	280
Lee and Hall[27]	252～1100	542～1630	38.1	4.57	24.1	265

Vikhrev[104]判据(适用范围是 $d=20.4\text{mm}$,$p=23\sim30\text{MPa}$,工质焓值 $H_b=830\sim2700\text{kJ/kg}$):

$$q/G > 0.4\text{kJ/kg} \tag{2-1}$$

Styrikovich[92]判据($d=22\text{mm}$,$p=24.1\text{MPa}$):

$$q/G > 0.58\text{kJ/kg} \tag{2-2}$$

Yamagata[10]判据(与其他学者实验数据[12,15,105]的比较表明,此判据的适用范围是 $d=8\sim10\text{mm}$,$p=22.6\sim31\text{MPa}$):

$$q > 0.2G^{1.2} \tag{2-3}$$

Mokry[33]判据,适用范围是 $p=24\text{MPa}$,$d=10\text{mm}$,$T_{in}=320\sim350℃$,$q=70\sim1250\text{kW/m}^2$,$G=200\sim1500\text{kg/(m}^2\cdot\text{s)}$:

$$q > (-58.97 + 0.745G)\text{kJ/kg} \tag{2-4}$$

到目前为止,超临界传热恶化的判定标准大致分为以下两类:一种标准中以正常传热时的对流换热系数 h_0 为基准,当某工况下的换热系数 h 与 h_0 的比值低于定值 c($c=0.3$[85]或 $c=0.5$[17])时,即认为该工况下传热发生恶化:

$$\frac{h}{h_0}<c,\quad h_0=0.023Re_b^{0.8}Pr_b^{0.4}\frac{\lambda}{d} \tag{2-5}$$

另一种标准认为壁温异常的升高即属于传热恶化[10,92]。由于壁温的异常升高直接影响到操作或运行的安全性，是传热恶化最直观的体现，故本文认为管内壁温度出现如图 2.1 所示的局部飞升或持续升高就是传热发生恶化的工况。

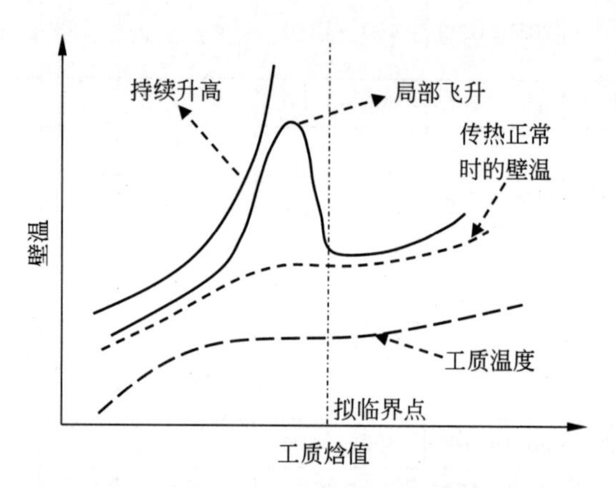

图 2.1 发生传热恶化时的壁温分布

小管径范围($d=7.5\sim11$mm)内判据与实验值的比较如图 2.2 所示。图中实心的传热恶化点位于判据线上方时表明该判据能够预测到该实验工况下传热恶化会发生；空心的传热安全点位于判据线上方时则表明该判据错误地认为该条件下传热恶化会发生。判据(2-1)、(2-2)、(2-4)都能准确预

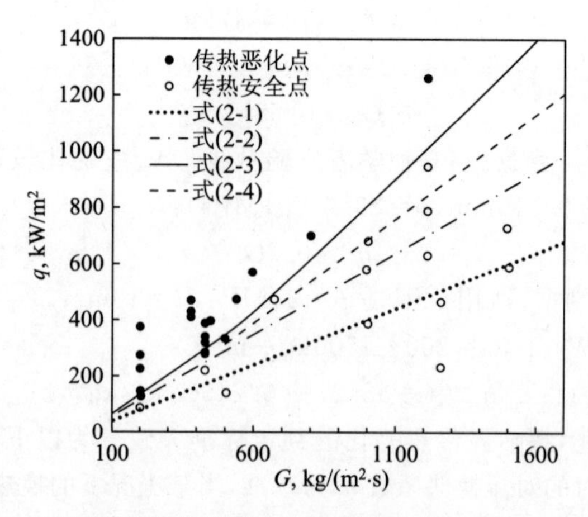

图 2.2 不同传热恶化判据与实验值的比较($d=7.5\sim11$mm)

测出所有发生传热恶化的工况，但由于判据(2-1)、(2-2)是基于大管径(d=20.4,22mm)的实验数据提出的，在 d=7.5～11mm 范围内其预测值较保守，较大一部分的传热安全工况被错误地预测成传热恶化。在大管径范围内(d=16～38.1mm)，如图 2.3 所示，仅有判据(2-1)能预测到所有的传热恶化工况，但判据(2-1)明显偏保守；判据(2-2)的准确性其次，有 4 个传热恶化点未能预测到；判据(2-3)、(2-4)分别有 9 个和 6 个恶化点未能预测到。

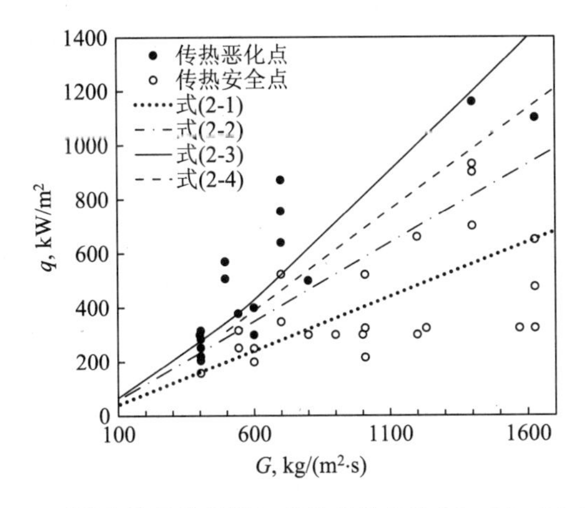

图 2.3　不同传热恶化判据与实验值的比较(d=16～38.1mm)

上述判据的不足可以从以下几方面进行解释：第一，超临界流体对流换热的 Nusselt 数与质量流速 G 呈幂指数的关系，$Nu\sim G^{0.8\sim0.9}$；第二，式(1-1)中的 Jackson 浮升力参数 $Bo\sim G^{-2.7}$。因此，随着 G 的增加，对流换热迅速增强，浮升力的作用也被大大弱化，传热恶化发生时的界限热流密度 q 与 G 之间呈现出非线性的关系。此外，由 $Bo\sim d^{0.3}$ 可知，管径越大，浮升力越强，因此管径也能非线性地影响界限热流密度。上述判据中，所有判据都没有考虑管径的影响，多数判据中 q 和 G 是呈线性关系，因此它们的适用范围和准确性都受到了限制。

2.1.2　新判据的提出和验证

2.1.1 节对现有实验数据和传热恶化判据的分析发现，界限热流 q 不仅仅是管内工质质量流速 G 的函数，而且与管径 d 有关。从流动加热的过程来看，质量流速对管壁的冷却效果体现在加热周界大小上，而周界与管径有关，即界限热流 q 是 $\frac{G}{d}$ 的函数。为了进一步描述管径大小对浮升力的影响,可以将界限热流 q 表达为:$q=f\left(\frac{G}{d},\ d\right)$。根据表 2.1 中的实验数据,新判据的表达式确定为[112]:

$$q > d\left(0.36\,\frac{G}{d}-1.1\right)^{1.21} \tag{2-6}$$

其中各物理量的单位为 q:kW/m²,G:kg/(m²·s),d:mm;适用范围是 $d=7.5\sim38.1$mm,$q=90\sim1160$kW/m²,$G=200\sim1600$kg/(m²·s),$p=22.5\sim31$MPa。

新判据(2-6)、已有判据和表 2.1 中实验值的比较如图 2.4 所示,新判据的预测准确性很高,既能在 G/d 较小时准确地预测出传热恶化的发生,又能确保在 G/d 较大时预测不会太保守。表 2.2 比较了不同判据的预测效果。判据(2-1)过于保守,将 50%左右的传热安全点预测错误;判据(2-3)对安全点的预测正确率最高,但对恶化点的预测结果较差;本文提出的新判据能预测到 97%以上的恶化点,总预测准确率在 93%以上,两方面都优于其他判据[112]。

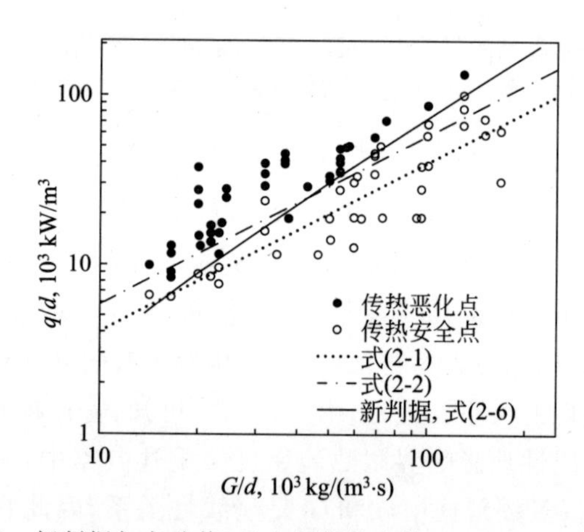

图 2.4 新判据与实验值、已有判据的比较($d=7.5\sim38.1$mm)

表 2.2 不同传热恶化判据的预测准确性比较(表 2.1 数据库,垂直上升管)

	传热恶化点(预测准确数/总实验工况数)	传热安全点(预测准确数/总实验工况数)	总计
判据(2-1)	38/38	18/38	56/76
判据(2-2)	34/38	28/38	62/76
判据(2-3)	26/38	37/38	63/76

续表

	传热恶化点 (预测准确数/总实验工况数)	传热安全点 (预测准确数/总实验工况数)	总计
判据(2-4)	32/38	35/38	67/76
新判据(2-6)	37/38	34/38	71/76

新判据(2-6)中的系数是根据表 2.1 的传热恶化实验数据确定的，因此需要使用另外的传热恶化数据对新判据进行校验。表 2.3 整理了公开发表的不同于表 2.1 的传热恶化实验工况，其中部分研究中使用的管径 $d<7.5$mm 或是工质水平流动，已经超过了新判据的适用范围。尽管如此，新判据(2-6)仍能较好地预测这些工况的传热情况，如表 2.4 所示。判据(2-1)能够预测出所有的传热恶化工况，但是将 70%以上的安全点预测错误，过于保守；新判据(2-6)能成功预测到 90%的恶化点，总的预测准确率也在 94%以上，综合表现优于其他判据。表 2.2 和表 2.4 表明本文的新判据能够用于传热恶化的预测，且准确性优于本文中比较过的其他判据[112]。

表 2.3　用于判据验证的传热恶化实验工况

研究者	q, kW/m^2	G, kg/(m^2·s)	d, mm	P, MPa	流动方向
胡志宏[51]	250～500	600～1200	26	23,26,30	向上
李虹波等[113]	570～1150	790～1200	7.6	23,25,26	向上
赵萌等[114]	600～1150	600～1200	7.6	23	向上
李永亮等[115]	560～1100	650～1260	6	23,25	向上
Schmidt[116]	580～820	610	5	23.3,25.4	水平
Domin[117]	720～910	680～1010	2	23.3,25.4	水平
Vikrev[105]	700	400～1000	8	25.4	水平
Bazargan et al.[118]	300	340～970	6.3	24.4	水平

表 2.4　不同传热恶化判据的预测准确程度(表 2.3 数据库)

	传热恶化点 (预测准确数/总实验工况数)	传热安全点 (预测准确数/总实验工况数)	总计
判据(2-1)	20/20	4/14	24/34
判据(2-2)	16/20	8/14	24/34
判据(2-3)	16/20	13/14	29/34
判据(2-4)	16/20	10/14	26/34
新判据(2-6)	18/20	14/14	32/34

2.2　周向加热条件对光管传热特性的影响

2.2.1　数值和物理模型

本节通过建立数值模型来计算和分析全周/半周加热光管中超临界水的对流换热。通过与实验数据的对比来验证数值模型，并进一步分析不同因素对对流换热的影响。

模型中对连续性方程、动量方程和能量方程进行求解。使用 Favre 平均形式可将各控制方程表达如下：

$$\frac{\partial(\bar{\rho}\tilde{u}_j)}{\partial x_j}=0 \tag{2-7}$$

$$\frac{\partial(\bar{\rho}\tilde{u}_j\tilde{u}_i)}{\partial x_j}=\frac{\partial p}{\partial x_i}+\frac{\partial(\bar{\tau}_{ij}-\overline{\rho u_i''u_j''})}{\partial x_j}+\rho g_i \tag{2-8}$$

$$\frac{\partial(\bar{\rho}\tilde{u}_j\tilde{h})}{\partial x_j}=\frac{\partial}{\partial x_j}\left(\frac{\lambda}{c_p}\frac{\partial\tilde{h}}{\partial x_j}\right) \tag{2-9}$$

其中$^-$代表时间平均量，$^\sim$代表 Favre 平均量，ρ、u 和 h 分别是流体密度、速度和焓值，式(2-8)中的$\bar{\tau}_{ij}$表示黏性应力张量：

$$\bar{\tau}_{ij}=\mu\left[\left(\frac{\partial u_i}{\partial x_j}+\frac{\partial u_j}{\partial x_i}\right)-\frac{2}{3}\delta_{ij}\cdot\frac{\partial u_k}{\partial x_k}\right] \tag{2-10}$$

使用 Boussinesq 假设、引入湍流黏度 μ_t来简化处理式(2-8)中的雷诺应力张量$\overline{\rho u_i''u_j''}$：

$$-\overline{\rho u_i''u_j''}=\mu_t\left[\frac{\partial\tilde{u}_i}{\partial x_j}+\frac{\partial\tilde{u}_j}{\partial x_i}-\frac{2}{3}k\delta_{ij}\right] \tag{2-11}$$

为了求解 μ_t和湍动能 k，需使用湍流模型以引入新的输运方程使方程组封闭。基于 1.4 节对前人研究结果的对比，本文选用的基本湍流模型是 SST k-ω 模型[119]，此模型既具有 Wilcox k-ω 模型在近壁面区的精确性，又具有 k-ε 模型在主流中心区域的自由流独立性，与受热管中超临界流体物性沿径向的变化较为一致。SST 模型中湍动能 k 和特定湍流耗散率(湍流平均频率)ω 的输运方程分别为：

$$\frac{\partial(\rho\tilde{u}_i k)}{\partial x_i}=\frac{\partial}{\partial x_j}\left[\left(\mu+\frac{\mu_t}{\sigma_k}\right)\cdot\frac{\partial k}{\partial x_j}\right]+G_k-Y_k \tag{2-12}$$

$$\frac{\partial(\rho\tilde{u}_i\omega)}{\partial x_i}=\frac{\partial}{\partial x_j}\left[(\mu+\mu_t/\sigma_\omega)\cdot\frac{\partial w}{\partial x_j}\right]+G_\omega-Y_\omega+D_\omega \tag{2-13}$$

其中：

$$G_k = \min(\mu_t S^2, 10\rho\beta^* k\omega) \tag{2-14}$$

$$\mu_t = \frac{\rho k}{\omega}\left[\max\left(\frac{1}{\alpha^*}, \frac{F_2\sqrt{2S_{ij}S_{ij}}}{\alpha_1\omega}\right)\right]^{-1} \tag{2-15}$$

$$S_{ij} = \left(\frac{\partial u_i}{\partial x_j} + \frac{\partial u_j}{\partial x_i}\right) \tag{2-16}$$

$$Y_k = \rho\beta^* k\omega \tag{2-17}$$

$$G_\omega = \frac{\alpha_\infty}{\alpha^*}\left(\frac{\alpha_0 + Re_t/2.95}{1 + Re_t/2.95}\right)\frac{\rho}{\mu_t}\mu_t S^2 \tag{2-18}$$

计算物理模型如图2.5所示。物理对象是垂直布置的壁厚为δ的光滑圆管。流体进入垂直管后，首先流经长度为L_{iso}的绝热流动段，在绝热段出口处达到充分发展的湍流后进入长度为L_h的加热段。在加热段L_h，光管一侧外壁面均匀受热，热负荷为q_o，受热侧中点的周向角度定义为$\varphi=0°$；另一侧外壁面绝热。考虑到周向导热和对流换热的不均匀性，采用三维坐标对固体域的导热和流体域的对流换热进行耦合求解。绝热段入口和加热段出口的边界条件分别为速度入口和压力出口。

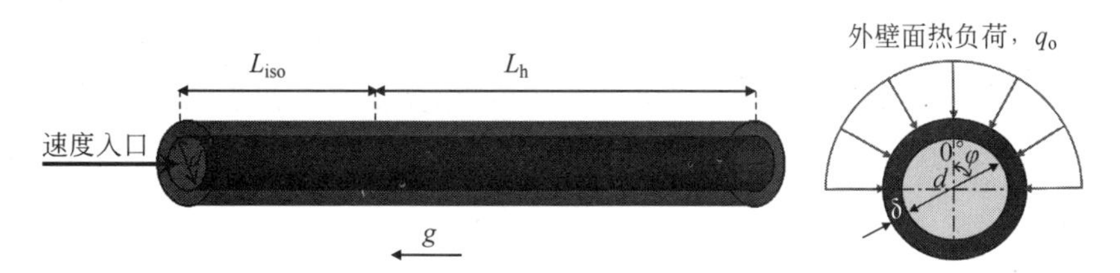

图2.5　计算物理模型与边界条件

采用的计算网格为三维贴体六面体结构化网格，如图2.6所示。为了精确地捕捉层流底层中超临界流体的流动，流体域中近壁面网格必须足够

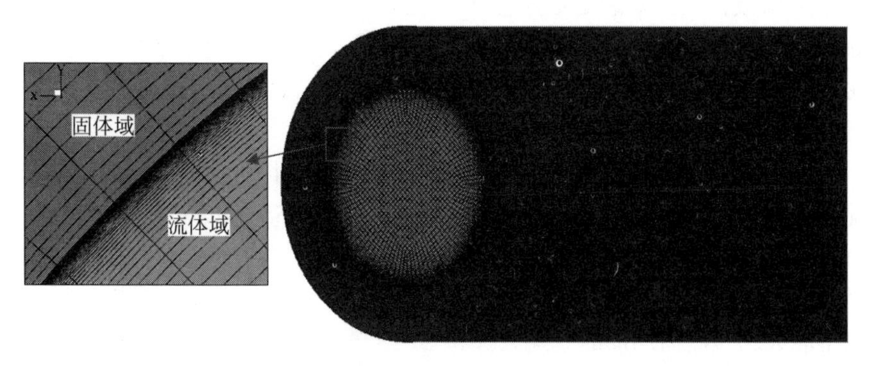

图2.6　计算域网格划分

小以保证第一个网格的无量纲壁面距离 y^+ 远小于1，同时还需保证至少有20个网格布置在层流底层和缓冲层。离开边界层后，网格大小沿径向按1.1～1.2倍的比例增加，直到网格大小达到 $d/70$ 后保持不变。固体域中的网格则相对较大。从外壁面到内壁面，网格的大小逐渐降低以保证内壁面处固体和流体的网格有一个较为光滑的过渡。

采用CFD软件FLUENT对控制方程进行离散求解。由于计算光管的沿程压降与工质压力 p 相比非常小，在计算流体的物性时不考虑压力的轻微变化，只考虑温度的影响。按照水与水蒸气物理性质标准IAPWS-IF97[120]，将定压比热和其他物性分别按照分段线性插值和插值表的方式写入用户自定义函数UDF并嵌入FLUENT中。经验证，与IAPWS-IF97标准相比，UDF计算得到的定压比热偏差小于2%，其他物性的偏差小于1%。计算中视流体为不可压缩，对压力速度耦合采用SIMEPEC算法进行求解，差分格式均采用二阶迎风格式以减小数值误差。初始化时 G 和 T_b 按照预定工况确定，湍动能 k 和特定湍流耗散率 ω 分别按照以下两式计算得到：

$$k = 0.0384Re^{-0.25}u^2 \tag{2-19}$$

$$\omega = 2.35k^{0.5}d^{-1} \tag{2-20}$$

计算中对残差、出口流体速度、出口流体温度、壁面平均温度以及总吸热率进行监控，当以上变量的相对变化值小于0.1%时认为计算收敛。

2.2.2 模型敏感性分析及验证

敏感性分析主要包括网格、湍流模型、热边界条件、壁厚、管材料等。对网格敏感性的测试能保证计算结果的网格无关性。由于SST模型在超临界流体对流换热的预测中已经表现出了较好的准确性，因此网格独立性测试中选用该模型。对表2.5中五种不同尺寸的网格进行了计算，结果对比如图2.7所示，从网格v1到v5随着 y^+ 的减小、总网格数的增加，计算值与实验值的偏差越来越小。v5与v4网格的计算结果相差不大，计算值已经具有网格独立性，可作为后续计算中的标准网格。

下面分析湍流模型的敏感性。已有研究表明对于传热正常或强化的工况，当网格独立性满足时不同湍流模型（RNG k-ε、SST、V2F、RSM等）预测值的偏差很小[121-124]，因此本文仅对大管径光管中传热恶化的工况进行模型敏感性分析。不同模型的计算结果如图2.8所示，仅有SST模型和V2F模型能成功预测出局部的壁温飞升和下游的壁温恢复现象，其中前者的计算结果与实验值更为接近，因此后续的计算中采用的湍流模型是SST模型。

表 2.5　计算网格规格

网格编号	轴向网格无量纲间隔($\delta x/d$)	周向网格间隔,°	第一个网格到壁面的无量纲距离(y/d)	$y^+(u^* y/\nu)$	网格总数,百万
v1	0.3	4.5	1.15×10^{-4}	1.2～1.6	2.2
v2	0.3	4.5	7.7×10^{-5}	0.75～1.1	2.5
v3	0.3	3.2	3.8×10^{-5}	0.35～0.6	3.2
v4	0.3	3.2	1.9×10^{-5}	0.2～0.4	4.3
v5	0.3	2.5	1.2×10^{-5}	0.16～0.3	4.9

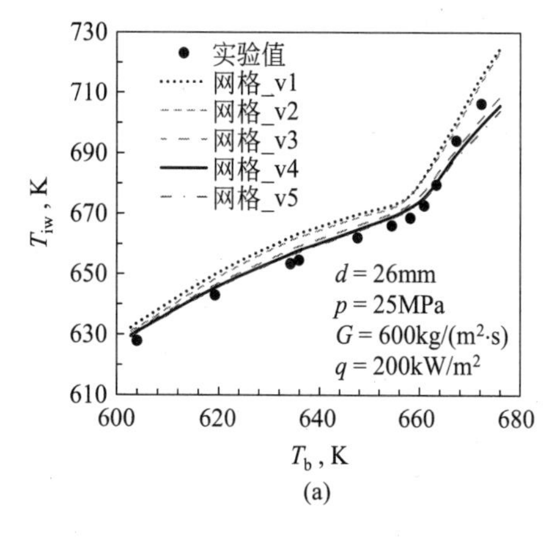

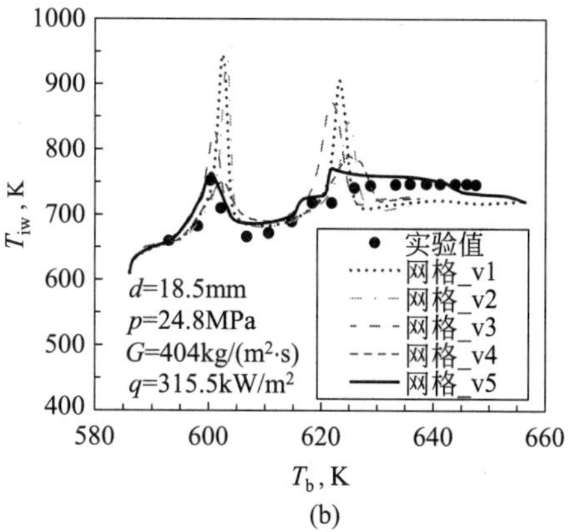

图 2.7　网格敏感性分析

(a) 传热正常或强化。实验值来自文献[111]；(b) 传热恶化。实验值来自文献[15]

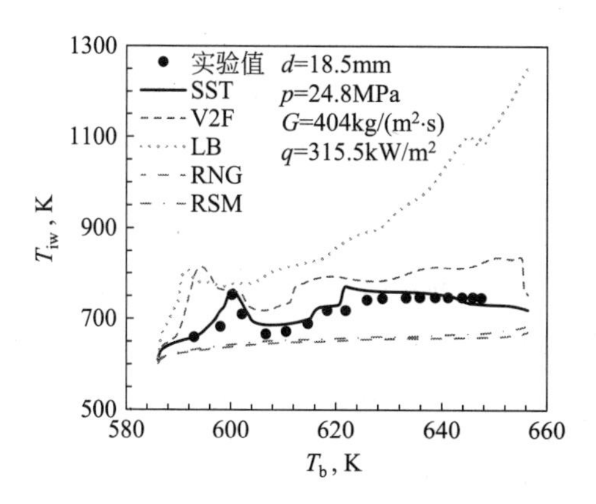

图 2.8　湍流模型敏感性分析。实验值来自文献[15]

全周加热条件下，用于校验模型的实验数据是在通电加热光管中获得的，因此计算模型中采用恒定体积内热源的热边界条件来模拟实验中的交流电加热。半周加热条件下，为了模拟单侧的炉膛热辐射加热，计算模型采用的是光管外壁面一侧受到恒定的热流密度加热。为了对比半周加热和全周加热的计算结果，首先必须对热边界条件的敏感性进行分析。于是在全周加热条件下对比了不同操作条件下两种热边界条件对管壁温度分布的影响，结果如图 2.9 所示。可见，无论是传热强化还是传热恶化，两种热边界条件下的计算结果相差都很小，采用恒定体积内热源的全周加热计算结果与采用恒定外壁面热流的半周计算结果具有可比性。

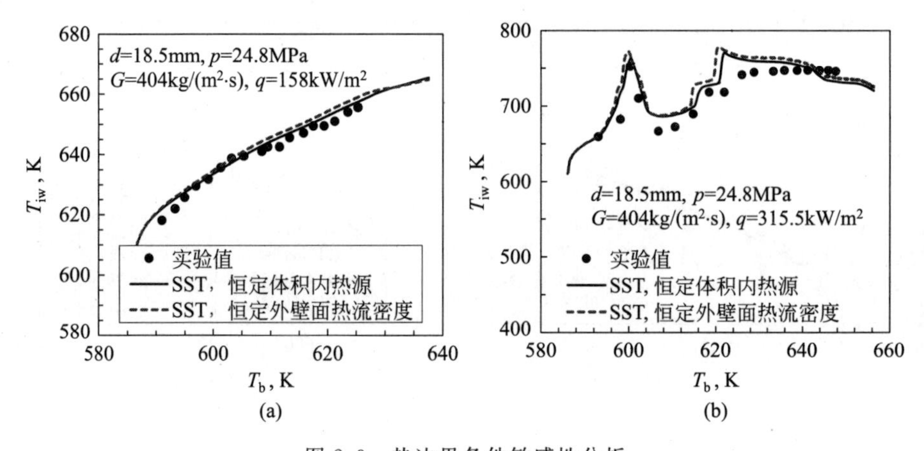

图 2.9　热边界条件敏感性分析

(a) 传热正常或强化。实验值来自文献[15]；(b) 传热恶化。实验值来自文献[15]

半周加热时，由于存在沿管壁周向的导热，因此管壁的厚度 δ 和管壁材料可能会影响光管的传热特性。在相同操作条件下对 δ 分别为 5mm 和 10mm 的光管进行了计算，结果如图 2.10 所示，周向最大热流 q_{max} 都约为 156kW/m^{2}时，周向最大内壁温 $T_{iw,max}$ 的分布基本一致，最大偏差小于 0.4K；周向平均内壁温 $T_{iw,ave}$ 的分布则有一些差别，最大偏差约为 2K，这是由于 q_{max} 相同，但 δ 不同时热流密度沿周向的分布有一定差别。管壁厚度 δ 越大，沿周向的导热越明显，周向平均热负荷 q_{ave} 越高（$\delta=5$mm 时 $q_{ave}=82$kW/m^2，$\delta=10$mm 时 $q_{ave}=89$kW/m^2），所以 $T_{iw,ave}$ 越大。壁厚对半周加热时光管周向分布特性的影响不可忽略，为排除此影响，后续的研究中壁厚都固定为 5mm。

与壁厚相比，管壁材料对换热的影响并不明显，如图 2.11 所示。两种材

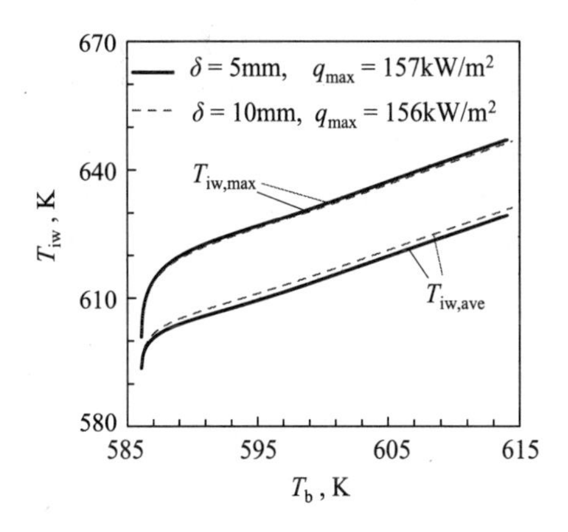

图 2.10　半周加热管壁厚度对换热的影响

d=18.5mm；p=24.8MPa；G=404kg/(m^2·s)；q_o=107kW/m^2(δ=5mm)，86kW/m^2(δ=10mm)

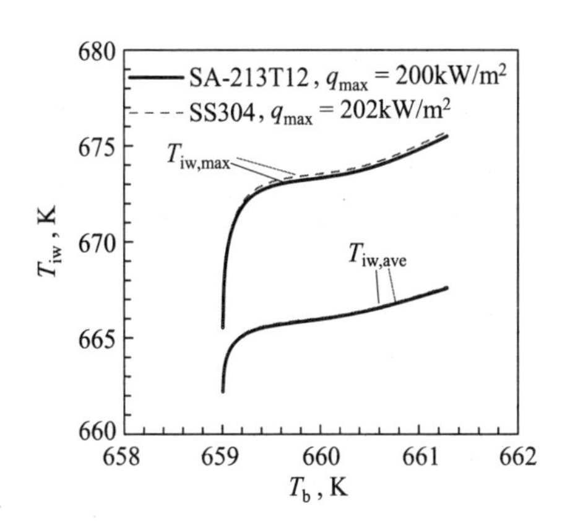

图 2.11　半周加热时管材料对换热的影响

d=26mm；δ=5mm；p=26MPa；G=600kg/(m^2·s)；q_o=140kW/m^2

料的导热系数相差较大，见表 2.6，但 $T_{iw,max}$、$T_{iw,ave}$ 的最大偏差小于 0.3K。尽管如此，后续研究工况中还是将管材料统一设置成 SS304。

表 2.6　不同材料的导热系数随温度的变化(W/(m·K))

温度，K		373	473	573	673	773	873	1000
材料	SS304	19	—	20.1	—	22.2	24	26.4
	SA-213T12	46	44.5	42.5	39	37	34.6	32

敏感性分析完成后对模型的预测准确性进行了实验验证。已有的全周加热实验结果较为充分，因此首先在全周加热条件下对模型进行校验，验证

工况列于表 2.7 中，选用的操作条件、管径不同，覆盖了超临界正常传热、传热强化和传热恶化三种情况。计算中，管的尺寸、材料均与验证实验所用的相同，热边界采用恒定内热源。对于工质焓值范围较广的工况采用分布计算的方法，即把较低焓值工况的出口收敛解作为新工况的入口条件，逐步计算以获得整个焓值范围内的结果。

表 2.7　用于模型验证的全周加热工况

编号	研究者	d,mm	p,MPa	G, kg/(m^2·s)	q,kW/m^2	换热情况
U1	Ackerman[15]	18.5	24.8	404	158	正常传热；传热强化
U2	Ackerman[15]	24.4	24.8	404	158	正常传热
U3	Zhu et al. [111]	26	26	600	200	正常传热；传热强化
U4	Ackerman[15]	18.5	24.8	404	315	传热恶化
U5	Ackerman[15]	24.4	24.8	404	158	轻微传热恶化
U6	Ackerman[15]	24.4	24.8	404	284	传热恶化

模型计算值与实验值的对比如图 2.12 所示。图 2.12(a)中传热正常或强化情况下，模型预测壁温值与实验值的相差很小，对流换热系数 HTC 的计算偏差在±20%以内。在传热恶化情况下，如图 2.12(b)所示，壁温计算值与实验值的偏差相对较大，但模型也能很好地预测传热的局部恶化和下游的恢复现象，95%以上实验点的 HTC 计算偏差也在±20%以内。可见，模型能够较准确地预测全周加热光管中超临界水的对流换热。

模型在全周加热条件下已经体现出了较好的预测准确性。对于半周加

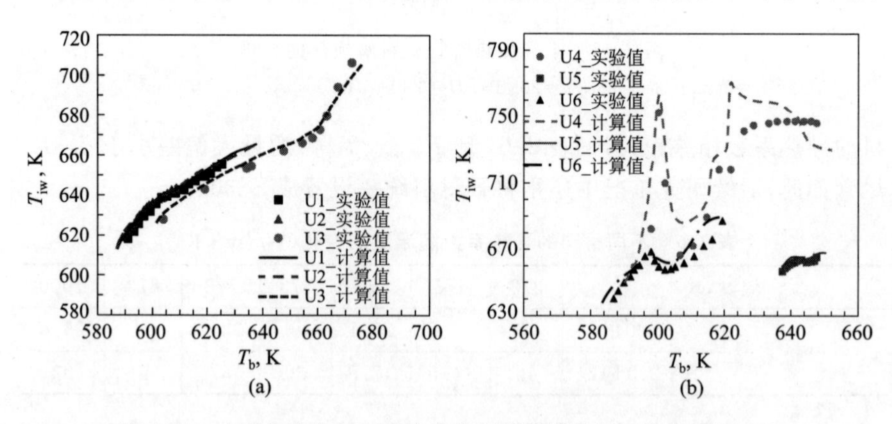

图 2.12　全周加热条件下热流分布模型计算结果与实验值的对比

(a) 传热正常或强化；(b) 传热恶化

热，能否准确预测实际情况的关键在于能否较好地预测内壁面上热流密度的周向不均匀分布。使用 Ishikawa 等[54]的电阻炉半周辐射加热实验结果对模型进行了检验。实验所用光管尺寸为 $\Phi 31.8\times 6.5$mm，管材料为 SS304，加热段长度为 400mm，$p=28$MPa，$G=400$、1500kg/(m² · s)。模型计算结果与实验值的比较如图 2.13 所示，模型能很好地再现半周加热光管内壁面的热流密度分布，尤其是受热侧的计算偏差很小。此外，模型也能准确地预测操作条件变化对热流密度周向分布的影响。总的来说以上验证表明，计算模型能较好地预测全周/半周加热光管中超临界水的对流换热。

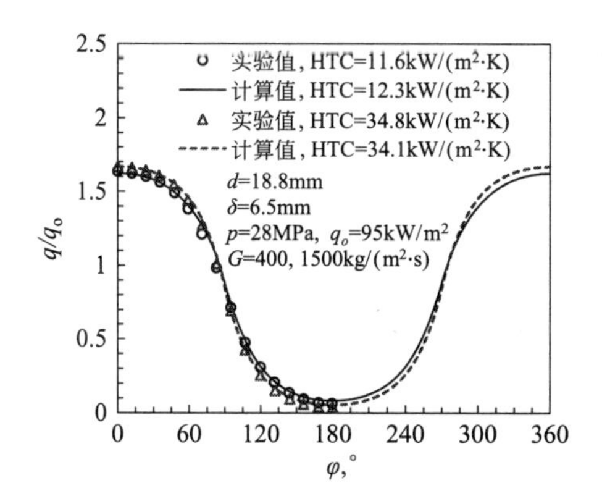

图 2.13　半周加热条件下热流分布模型计算结果与实验值的对比

2.2.3　研究工况

在不同的 q/G 条件下计算了全周/半周加热光管中超临界水的对流换热，如表 2.8 所示。表中工况自上至下 q/G 逐渐增大，目的是在不同传热情况下比较周向加热条件对换热的影响，同时分析半周加热时可能存在的传热恶化及其形成原因。下面几个小节将对这些工况的计算结果分别进行讨论。

表 2.8　半周加热工况（管材料：SS304）

编号	d，mm	δ，mm	p，MPa	G，kg/(m² · s)	q_{max}，kW/m²	q_{ave}，kW/m²	q_o，kW/m²	对应表 2.7 中的全周加热工况
N1	26	5	26	600	≈200	102	148	U3
N2	18.5	5	24.8	404	≈158	83	108	U1
N3	18.5	5	24.8	404	≈315	170	220	U4
N4	18.5	5	24.8	404	≈370	203	264	—

2.2.4　正常传热和传热强化

首先对 $p=26\text{MPa}$、$T_{pc}=661.6\text{K}$、$G=600\text{kg}/(\text{m}^2\cdot\text{s})$、$q/G=0.33\text{kJ/kg}$ 的工况 N1 和 U3 进行讨论。半周加热工况 N1 中周向最大热流密度(受热侧中点即 $\varphi=0°$处) $q_{max}=199\sim203\text{kW/m}^2$，与全周加热工况 U3 的 $q=200\text{kW/m}^2$ 几乎一致。由于物性随流体整体平均温度 T_b 发生剧烈变化，不同 T_b 时局部壁温和热流分布的周向分布也不同，如图 2.14 所示。图 2.14(a)中 $T_b=604\text{K}$，流体位于远离大比热区的低焓值拟液态区，管内壁温度 T_{iw} 也比 T_{pc} 低约 30K，管内流体在径向的物性变化很小。半周加热下 T_{iw} 呈钟型分布，最大值 $T_{iw,max}$ 和最小值 $T_{iw,min}$ 分别位于受热侧中点($\varphi=0°$)和绝热

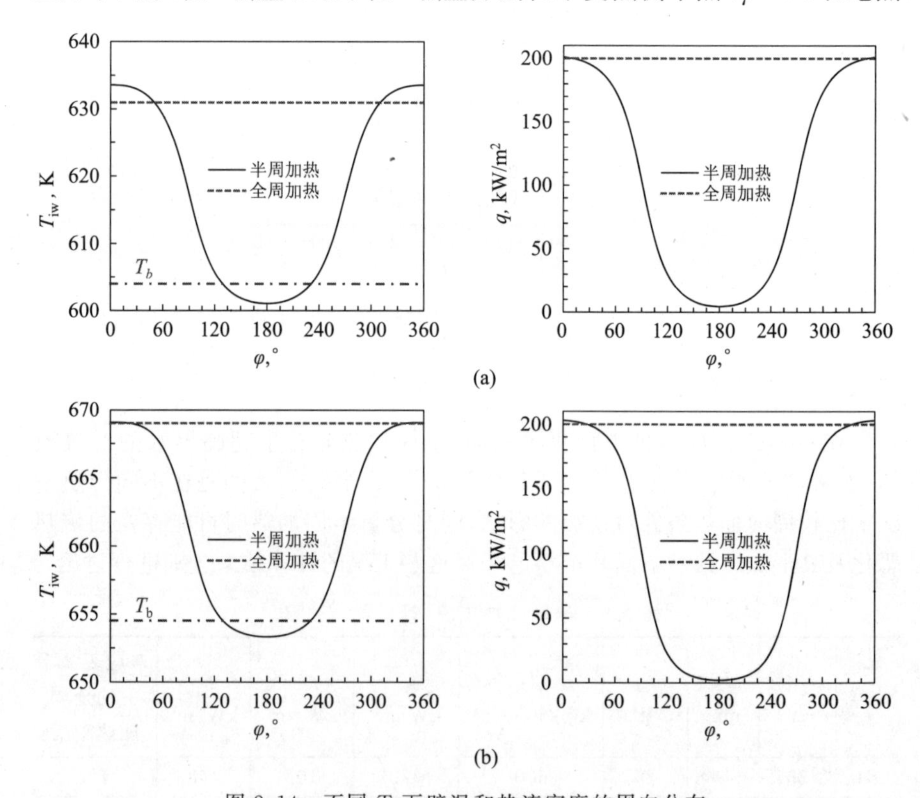

图 2.14　不同 T_b 下壁温和热流密度的周向分布

$p=26\text{MPa}, T_{pc}=661.6\text{K}, G=600\text{kg}/(\text{m}^2\cdot\text{s}), q/G=0.33\text{kJ/kg}$

(a) $T_b=604\text{K}, T_{iw,dif}=33\text{K}$；(b) $T_b=654.5\text{K}, T_{iw,dif}=16\text{K}$；(c) $T_b=658.1\text{K}, T_{iw,dif}=13\text{K}$；(d) $T_b=663.3\text{K}, T_{iw,dif}=19\text{K}$；(e) $T_b=672.6\text{K}, T_{iw,dif}=33\text{K}$

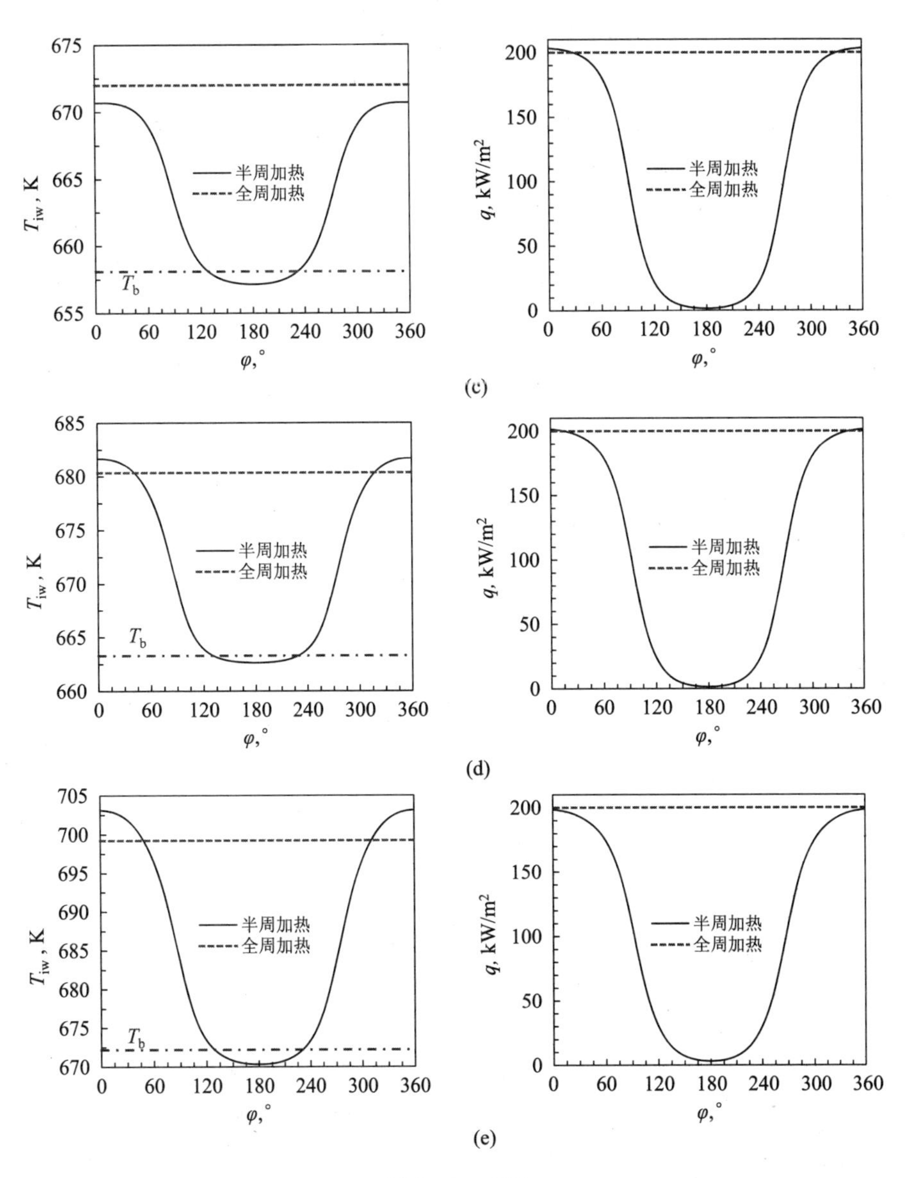

图 2.14 （续）

侧中点($\varphi=180°$)。定义周向内壁温偏差 $T_{iw,dif}$ 如下：

$$T_{iw,dif} = T_{iw,max} - T_{iw,min} \tag{2-21}$$

根据上述定义，图 2.14(a)中 $T_{iw,dif}=33K$。在绝热侧 $\varphi\approx130°\sim230°$ 范围内，$T_{iw}< T_b$，最大偏差约为 5K。出现这种现象是因为 T_b 的定义是绝热

条件下定横截面上流体充分混合后的温度：

$$T_b = \int_0^R \rho u T \mathrm{d}r \Big/ \int_0^R \rho u \mathrm{d}r \tag{2-22}$$

在全周均匀加热条件下，流体温度沿周向均匀分布，T_b可以作为定性温度来使用；而在半周加热条件下，流体温度周向各异，不同 φ 处流体的定性温度不同，把截面平均温度 T_b作为绝热侧流体的定性温度并不合理。热流密度 q 的周向分布与 T_{iw} 相似，最大值 q_{max} 约为 201kW/m^2，出现在受热侧中点；最小值 q_{min}位于绝热侧中点，约为 5kW/m^2，q_{max}/q_{min} 高达 40 以上，这与 Ishikawa 等报道的热流密度比值（26～42）[454]是一致的。需要指出的是，在采用通电加热半周镀银光管的实验中，由于未镀银侧也有电流通过产生热量，管内壁面热流密度分布平缓很多，q_{max}/q_{min} 一般为 3～5[51,125]。Ishikawa 等[54]采用的电阻炉半周辐射加热和本文采用的半周定外壁面热负荷加热可能更接近实际锅炉水冷壁的受热情况。

图 2.14(b)中 T_b＝654.5K，流体进入大比热区，T_{iw}已经超过 T_{pc}。此时 $T_{iw,dif}$降低到 16K，绝热侧中点附近 T_{iw} 依然小于 T_b，q_{max} 有所增加同时 q_{min}更接近 0，q_{max}/q_{min}增大至 94。这说明当流体靠近拟临界点后，流体与管壁间的对流换热增强，热量通过管壁的周向导热削弱。图 2.14(c)中 $T_{iw,dif}$继续降低，q_{max}/q_{min}进一步增大至 117。当 $T_b > T_{pc}$后，如图 2.14(d)～(e)所示，随着 T_b的增加，$T_{iw,dif}$逐渐增加，而 q_{max}/q_{min}降低。

总的来说，在流体逐渐跨越拟临界点的过程中，$T_{iw,dif}$和热量沿周向的均流效果都先降低后增加。整个焓值范围内绝热侧中点附近 T_{iw} 都小于 T_b，用 T_b来计算对流换热系数 HTC 会出现没有物理意义的负值，因此不再讨论 HTC 的周向分布。半周加热情况下最值得关心的是 φ＝0°处的周向最大内壁温 $T_{iw,max}$，下面就对 $T_{iw,max}$ 以及该点处的 HTC 进行讨论。图 2.15 表明半周加热 N1 的 $T_{iw,max}$与全周加热 U3 的 T_{iw}差别不大，周向加热条件对壁温的影响始终很小，周向加热条件改变后壁温的计算偏差小于模型的计算误差（U3 计算值与实验值的偏差）。不同加热条件下垂直上升、下降流动的情况如图 2.16 所示。N1、U3 工况中，流向改变时壁温分布基本不变，浮升力对换热的影响可忽略。

图 2.17 给出了工况 N1 和 U3 上升流动局部 Bo 数和 K_v数的分布。由于壁温分布几乎一致，所以图中没有画出下降流动的 Bo 数和 K_v数。全周和半周加热条件下，Bo 数和 K_v数都先增大后减小，在 T_{pc}附近达到最大值。整个焓值区间内，$Bo<10^{-5}$，$K_v<10^{-8}$。大量全周加热的实验结果表

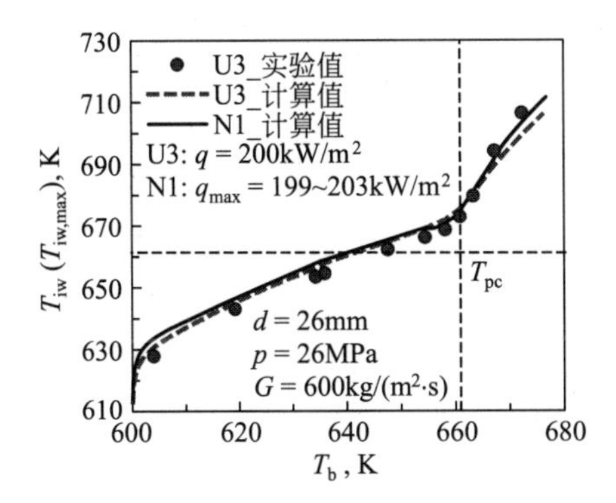

图 2.15　不同周向加热条件下的最大内壁温，垂直上升流动

p=26MPa,G=600kg/(m² · s)

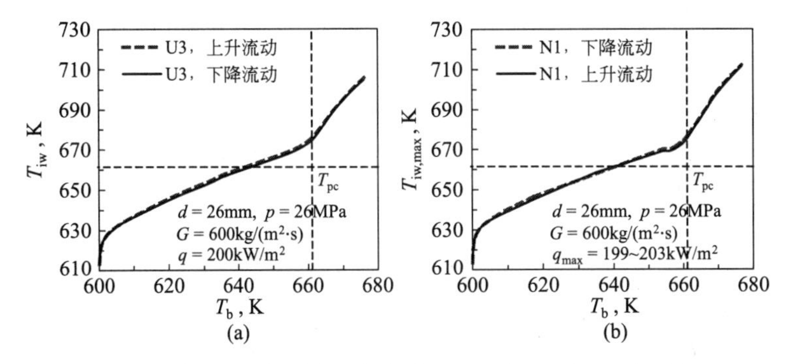

图 2.16　不同流动方向下壁温的比较,p=26MPa,G=600kg/(m² · s)

(a) 全周加热工况 U3 中浮升力的影响；(b) 半周加热工况 N1 中浮升力的影响

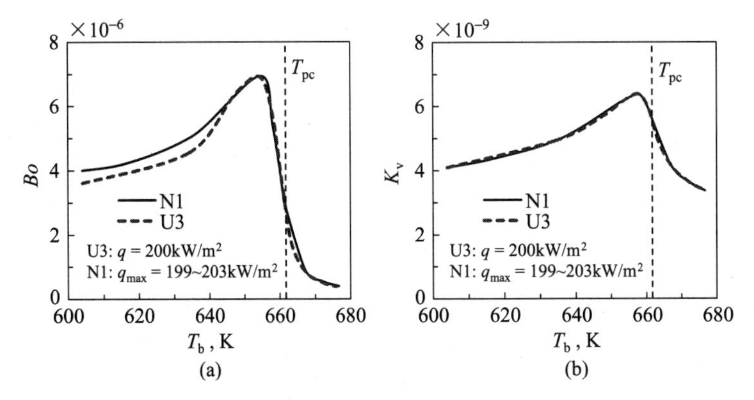

图 2.17　局部 Bo 数和 K_v 数的分布，上升流动,p=26MPa,G=600kg/(m² · s)

(a) Bo 数；(b) K_v 数

明[16,19,126,127]，当浮升力判据(2-23)成立时，浮升力对光管中超临界流体对流换热的影响小于5%，可以忽略：

$$Bo = \frac{\overline{Gr}_{\mathrm{b}}}{Re_{\mathrm{b}}^{2.7}} < 10^{-5}, \quad 其中 \quad \overline{Gr}_{\mathrm{b}} = \frac{(\rho_{\mathrm{b}} - \bar{\rho}) g d^3}{\rho_{\mathrm{b}} \nu_{\mathrm{b}}^2} \tag{2-23}$$

当热加速效应准则数 $K_{\mathrm{v}} < (2 \sim 3) \times 10^{-6}$ 时[29]，流体热加速对湍流和对流换热的影响可忽略，其中 K_{v} 定义如下：

$$K_{\mathrm{v}} = \frac{4q^{+}}{Re_{\mathrm{b}}} = \frac{4q\beta_{\mathrm{b}}}{Gc_{\mathrm{p,b}} Re_{\mathrm{b}}} \tag{2-24}$$

图2.15～图2.17表明，基于全周加热实验数据提出的 Bo 数和 K_{v} 数判据亦适用于半周加热N1工况。对于N1、U3工况，浮升力和热加速效应的影响可忽略，周向加热条件对换热的影响较弱，半周受热光管中超临界流体在局部的对流换热由当地条件(流体物性)决定。

下面对受热侧中点、即 $T_{\mathrm{iw,max}}$ 处的HTC进行讨论。如引言所述，适用于半周加热的换热关联式还比较缺乏，因此，选用全周加热条件下准确性较好的Jackson关联式[41]和Mokry关联式[33]来分析其在半周加热时的适用性。Jackson关联式为：

$$Nu_{\mathrm{b}} = 0.0183 Re_{\mathrm{b}}^{0.82} Pr_{\mathrm{b}}^{0.5} \left(\frac{\rho_{\mathrm{w}}}{\rho_{\mathrm{b}}}\right)^{0.3} \left(\frac{\bar{c}_{\mathrm{p}}}{c_{\mathrm{pb}}}\right)^{n} \tag{2-25}$$

式(2-25)的适用范围是 $Bo < 10^{-5}$。式中：下标b表示工质温度，下标w表示内壁面温度；Re 为雷诺数，Pr 为普朗特数；ρ 为密度，$\mathrm{kg/m^3}$；c_{p} 为比热，$\mathrm{J/(kg \cdot K)}$；n 的取值与工质温度 T_{b}、内壁面温度 T_{w} 和拟临界温度 T_{pc} 有关：

当 $T_{\mathrm{b}} < T_{\mathrm{w}} < T_{\mathrm{pc}}$ 或 $1.2T_{\mathrm{pc}} < T_{\mathrm{b}} < T_{\mathrm{w}}$ 时，$n = 0.4$；

当 $T_{\mathrm{b}} < T_{\mathrm{pc}} < T_{\mathrm{w}}$ 时，$n = 0.4 + 0.2\left(\frac{T_{\mathrm{w}}}{T_{\mathrm{pc}}} - 1\right)$；

当 $T_{\mathrm{pc}} < T_{\mathrm{b}} < 1.2T_{\mathrm{pc}}$ 时，$n = 0.4 + 0.2\left(\frac{T_{\mathrm{w}}}{T_{\mathrm{pc}}} - 1\right)\left[1 - 5 \times \left(\frac{T_{\mathrm{b}}}{T_{\mathrm{pc}}} - 1\right)\right]$。

Mokry关联式的形式为：

$$Nu_{\mathrm{b}} = 0.0061 Re_{\mathrm{b}}^{0.904} \overline{Pr}_{\mathrm{b}}^{0.684} \left(\frac{\rho_{\mathrm{w}}}{\rho_{\mathrm{b}}}\right)^{0.564} \tag{2-26}$$

首先将全周加热条件下模型和经验关联式的预测值同实验值进行比较。图2.18(a)表明在远离拟临界点的区域，不同方法的预测值差别不大。而在拟临界点附近，不同方法的预测值与实验值的偏差较大，其中Mokry关联式预测值与实验值最为接近。图2.18(b)给出了HTC计算值的相对误差。本文数值模型和两个换热关联式与实验值的符合都较好，Mokry关

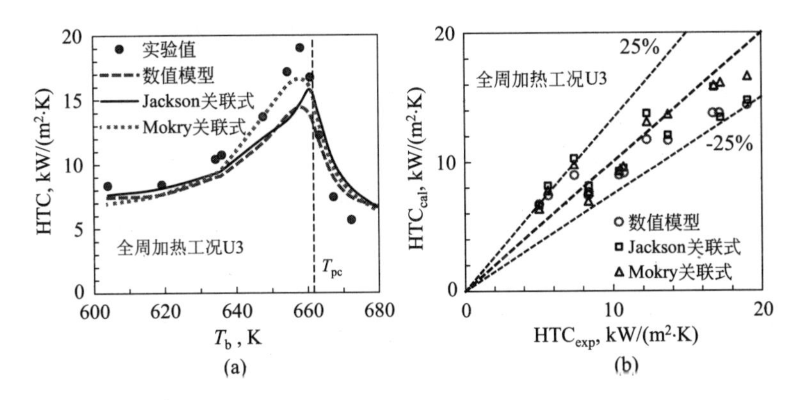

图 2.18　全周加热工况 U3 中不同方法预测得到的 HTC 比较

Jackson 关联式：(2-25)；Mokry 关联式：(2-26)

(a) HTC 随 T_b的变化情况；(b) HTC 的相对计算误差

联式的预测准确度最好，数值模型其次，二者的相对预测误差都在±25%以内。

图 2.19 比较了半周加热 N1 工况 $T_{iw,max}$处 HTC 的模型计算值和关联式预测值。

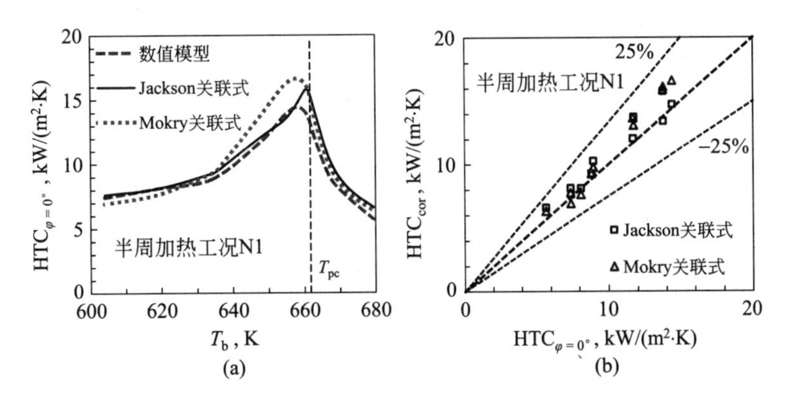

图 2.19　半周加热工况 N1 中受热侧中点 HTC 的不同方法预测结果

Jackson 关联式：(2-25)；Mokry 关联式：(2-26)

(a) HTC 随 T_b的变化情况；(b) HTC 的相对计算误差

由图 2.19 可知，Jackson 关联式预测值与模型计算值更为接近，Jackson、Mokry 关联式的预测误差都在±25%以内。据此推断，对于半周加热 N1，因浮升力和热加速效应对换热的影响很弱，属于强制对流换热，周向加热的影响可忽略，全周加热的 Jackson、Mokry 关联式可较好地预测半周加热向火侧中点处的 HTC 和壁温。

下面对半周加热工况 N2 及对应的全周加热工况 U1 进行分析。与 N1(U3)相比，N2(U1)中q/G增加到0.39kJ/kg，更容易发生物性变化引起的异常换热。图2.20表明，与工况 N1 类似，工况 N2 的最大壁温 $T_{iw,max}$ 依然与相同热流下全周加热时的壁温无明显差别。由于半周加热时输入的总热量仅约为全周加热的一半，所以 $T_{iw,ave}$ 远低于全周加热的壁温。图2.21给出了内壁温和热流密度的典型分布，二者随 T_b 的变化规律与工况 N1 一

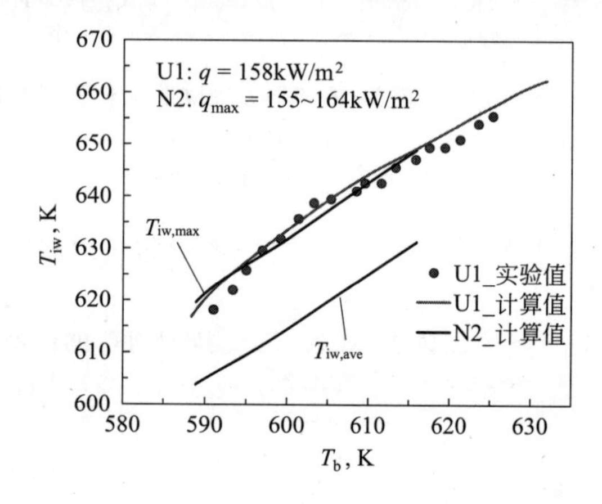

图2.20　工况 N2 和 U1 的壁温分布比较

$p=24.8$MPa, $G=404$kg/(m² · s)

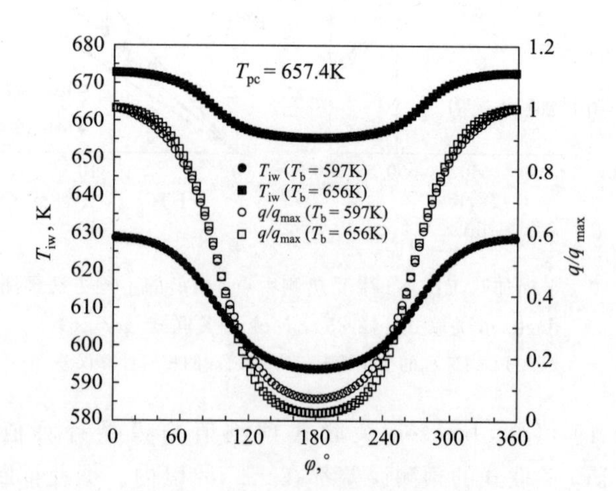

图2.21　N2 中壁温和热流密度 q 的周向分布

致。周向壁温偏差 $T_{iw,dif}$ 随 T_b 的变化如图 2.22 所示，当 T_b 逐渐靠近 T_{pc} 时，$T_{iw,dif}$ 从约 35K 逐渐降低到 15K 左右，$T_{iw,min}$ 始终小于 T_b。工况 N1、N2 的结果表明，半周加热光管中受热侧和绝热侧之间冷热流体的混合很差，$T_{iw,min}$ 始终略小于 T_b，两个工况中出现的 $T_{iw,dif}$ 在大比热区的降低主要是由于受热侧附近流体比热增加、冷却能力增强。

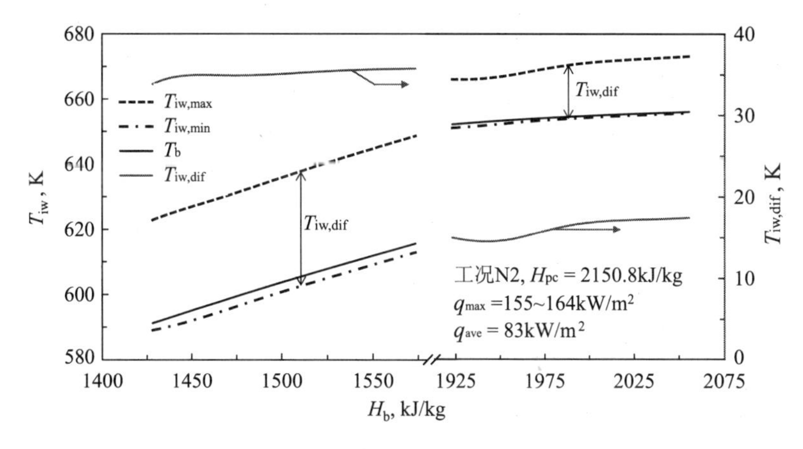

图 2.22　工况 N2 中不同周向角度处壁温随工质焓值 H_b 的变化

如前所述，与工况 U3 相比，工况 U1 的 q/G 更大，物性变化的影响可能更明显。图 2.23 中 U1 的上升、下降流动最大壁温差最大约为 10K，远大于 U3 中不同流向之间的壁温差(图 2.16(a))，浮升力明显影响了超临界流体的对流换热，不能忽略。U1 上升流动的 Bo 数基本都处于$(1\sim1.6)\times10^{-5}$间，如图 2.24(a)所示，大于浮升力判据(2-23)中的临界值 10^{-5}，式(2-23)成立。

另一方面，对于半周加热工况 N2，虽然 $Bo>10^{-5}$(N2 上升流、下降流的 Bo 数分布一致)，但是上升、下降流动的 $T_{iw,max}$ 和 $T_{iw,ave}$ 分布没有明显差别，HTC 的相对偏差小于 5%，浮升力对换热依然没有明显影响。N2 的结果表明半周加热时浮升力明显影响换热时 Bo 的临界值大于 10^{-5}，判据(2-23)可能不再适用。另一方面，两工况中 K_v 始终小于 2×10^{-8}，热加速效应可忽略。

下面对工况 U1、N2 中 HTC 的预测展开讨论。工况 U1 中 $Bo\sim2\times10^{-5}$，浮升力在一定程度上影响了换热，严格来说，$Bo>10^{-5}$ 时 Jackson 变物性强制对流关联式(2-25)不再适用。但 Fewster[16] 的研究表明，当 $10^{-5}<Bo<10^{-4}$ 时，实验数据的分布非常离散，很难整理成关联式来定量地预测

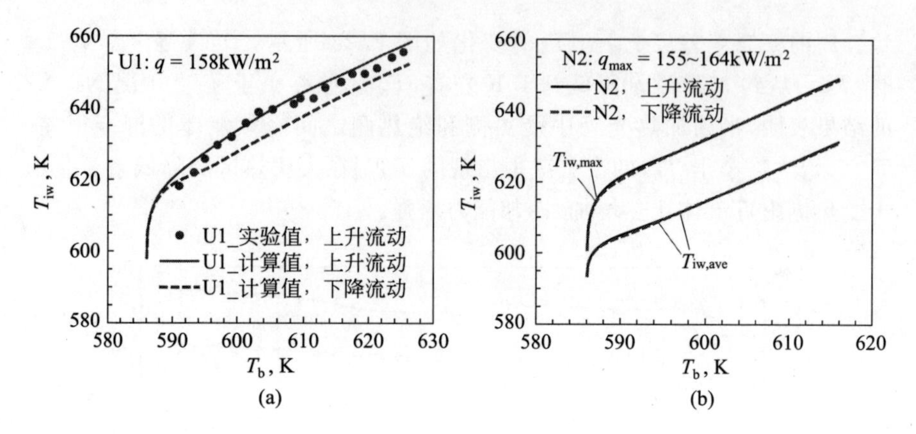

图 2.23　全周、半周加热条件下流动方向对壁温的影响

(a) 全周加热工况 U1；(b) 半周加热工况 N2

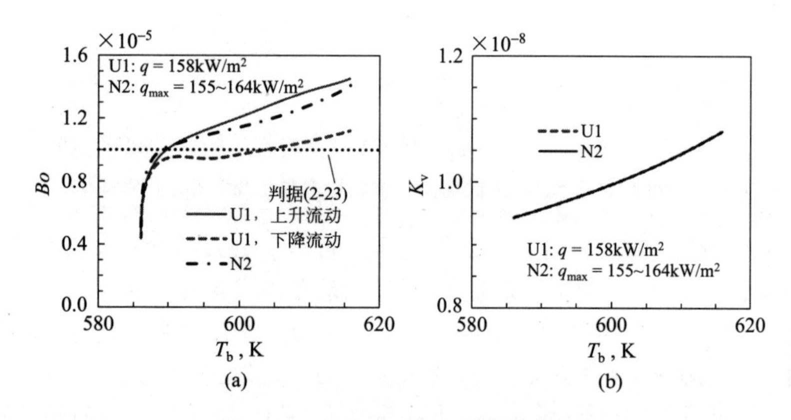

图 2.24　局部 Bo 数和 K_v 数的分布

(a) Bo 数；(b) K_v 数

HTC。Watts 和 Chou[30] 根据大量实验数据精心整理得到了在 $10^{-5}<Bo<10^{-4}$ 范围内适用的半经验关联式，包括两部分：一部分是壁温峰值处的最小换热系数，另一部分是壁温峰值下游的平均换热系数。由于两部分在交界区的预测值相差较大($Bo=5\times10^{-5}$ 附近两部分预测偏差高达 90%)，Watts 关联式只能预测出换热系数的范围。因此，下面讨论中还是使用关联式(2-25)和式(2-26)来预测 HTC。全周加热工况 U1 中不同方法预测得到的 HTC 比较如图 2.25 所示。图 2.25(a)表明与关联式相比，数值模型能很好地再现实验中加热段入口附近由热入口效应引起的 HTC 降低现象。基于纯强制对流数据得到的 Jackson 关联式预测性差于 Mokry

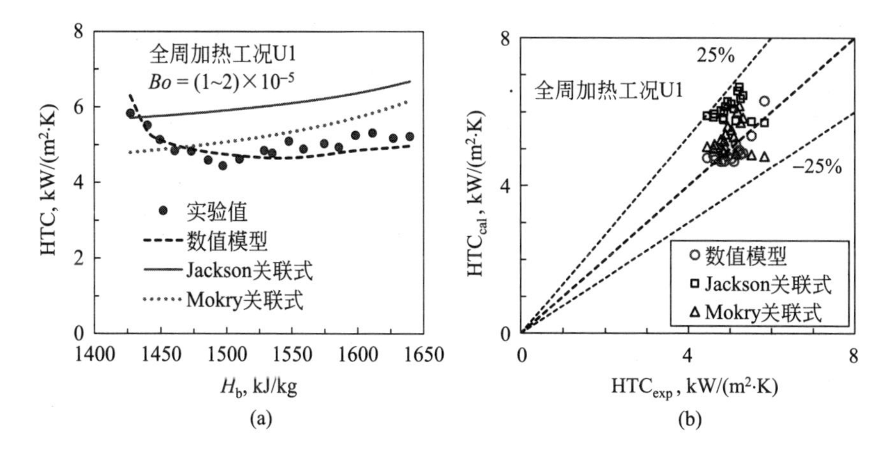

图 2.25 全周加热工况 U1 中不同方法预测得到的 HTC 比较

Jackson 关联式：(2-25)；Mokry 关联式：(2-26)

(a) HTC 随 T_b的变化情况；(b) HTC 的相对计算误差

关联式。图 2.25(b)给出了 HTC 计算值的相对误差。数值模型的预测准确度最好，Mokry 关联式其次，三种方法的相对预测误差都在±25%以内。

半周加热工况 N2 中不同方法预测得到的受热侧中点处 HTC 的比较见图 2.26。低焓值区不同方法的计算偏差较小；在拟临界点附近，关联式的预测值明显高于模型计算值，Mokry 关联式预测值与模型计算值更为接近，相对误差在±25%以内。对于工况 N2，浮升力对换热的影响不明显，与全周加热工况 U1 相比，浮升力的作用降低，全周加热的 Mokry、Jackson 关联式可较好地预测向火侧中点处的 HTC。

工况 N1 和 N2 的计算结果表明，当全周加热光管中超临界流体的对流换热受浮升力影响较小、传热正常或传热强化发生时，相同操作条件、相同峰值热负荷 q_{max}下半周加热光管的传热特性与全周加热时基本相同，最大内壁温 $T_{iw,max}$与全周加热的 T_{iw}无明显差别，可以使用全周加热关联式来预测。

2.2.5 传热恶化

本小节对高 q/G 下、全周加热光管中发生传热恶化时周向加热条件对换热的影响进行讨论。讨论的工况 N3 和 U4 的操作条件为 $p=24.8$MPa、$T_{pc}=657.4$K、$G=404$kg/(m^2·s)、$q/G(q_{max}/G)=0.78$kJ/kg，壁温分布见图 2.27(a)，HTC 分布见图 2.27(b)。全周加热工况 U4 中，超临界对流换

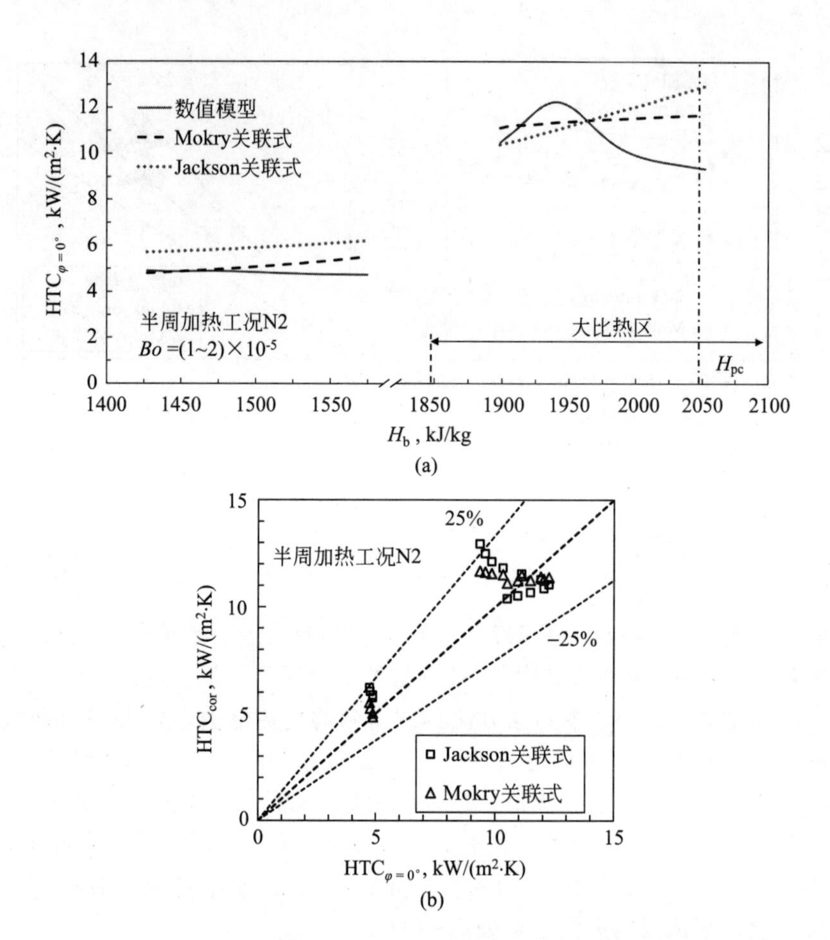

图 2.26 半周加热工况 N2 中不同方法预测得到的受热侧中点处 HTC 比较
Jackson 关联式：(2-25)；Mokry 关联式：(2-26)
(a) HTC 随 H_b的变化情况；(b) HTC 的相对计算误差

热明显受到了浮升力的影响：下降流动中，T_{iw} 随 T_b 平稳地变化；上升流动中，浮升力削弱了换热，出现了严重的局部壁温飞升。半周加热工况 N3 中，尽管 q_{max}与 U4 中 q 相当，$T_{iw,max}$并没有出现明显的局部突起，$T_{iw,ave}$的变化则更加平稳。然而与工况 N1、N2 不同，N3 中上升、下降流动 $T_{iw,max}$的最大差值达到了约 10K，浮升力对半周加热时对流换热的影响变得明显。图 2.28 给出了两个工况的局部 Bo 数和 K_v数分布。工况 U1 上升流动中 Bo 数最高达 10^{-4}，该处上升、下降流动的 HTC 相对偏差达到了 200%；N3 中上下流动壁温差的最大值出现在 T_b=596K 附近，当地 Bo 数约为 5×10^{-5}，

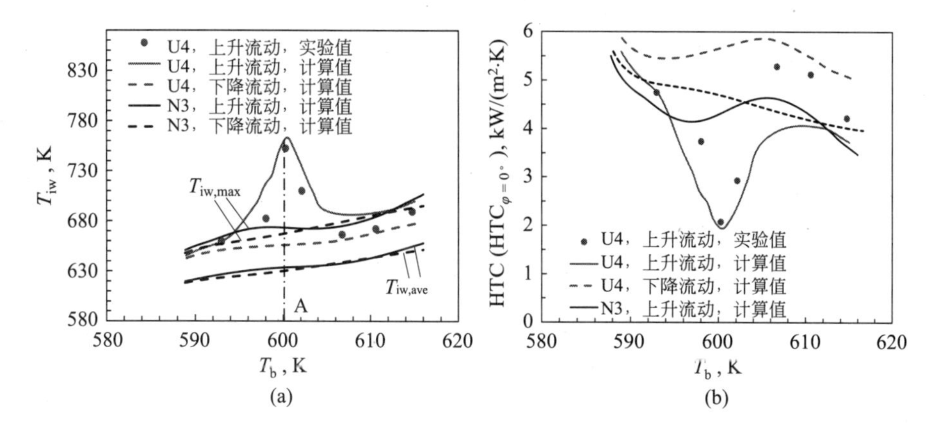

图 2.27　N3、U4 工况中不同流动方向的壁温比较

(a) 壁温随 T_b的变化情况；(b) 全周及半周加热 $T_{iw,max}$处 HTC 随 T_b的变化情况

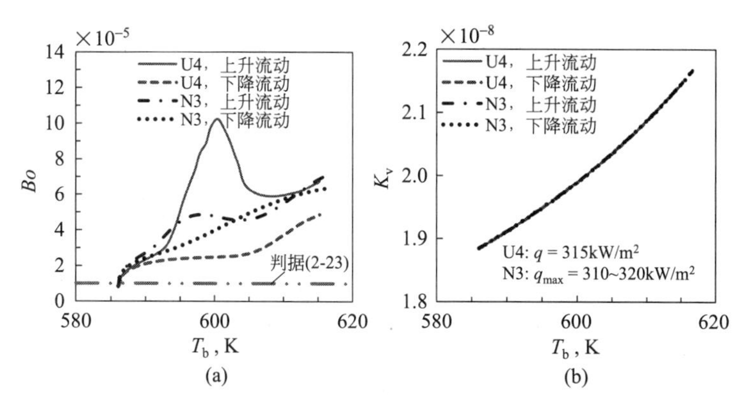

图 2.28　局部 Bo 数和 K_v数的分布

(a) Bo 数；(b) K_v数

上升、下降流动的 HTC 相对偏差仅约为 20%(图 2.27(b))，半周加热对浮升力的抑制很明显。另一方面，两工况中 K_v始终小于 3×10^{-8}，热加速效应可忽略。

与 N1、N2 工况相比，N3 工况中壁温的周向分布特性与 H_b之间的关系也发生了变化，如图 2.29 所示。整个计算域内 $T_{iw,dif}$始终大于 60K，远高于工况 N1 和 N2($T_{iw,dif}$=30～15K)，没有出现工况 N1、N2 中拟临界区域内 $T_{iw,dif}$的明显降低现象。工况 N1～N3 中都出现的一个现象是 $T_{iw,min}$始终都略小于 T_b，这表明在高热流和低热流情况下，半周加热光管中冷热流

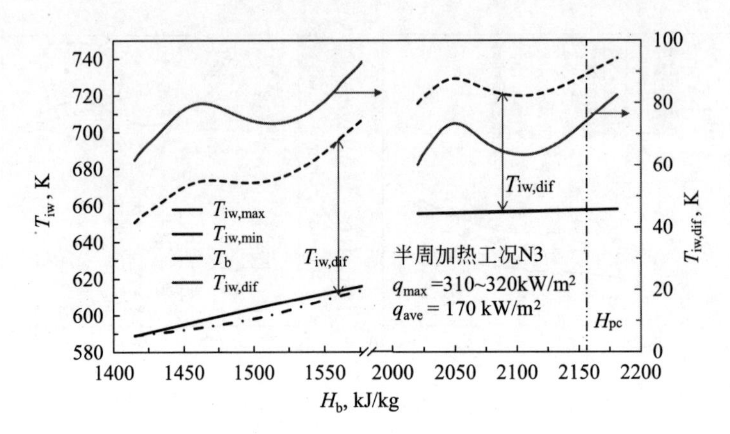

图 2.29　半周加热工况 N3 上升流动中不同周向角度处壁温随 H_b 的变化

体之间的混合始终都很差。

工况 U4 上升流动中，换热受到很强的浮升力作用，出现了严重的壁温飞升，换热经验关联式很难预测出这种 HTC 在局部的急剧降低现象，见图 2.30(a)。本文采用的数值模型能较好地预测换热的恶化和随后的恢复，而且 HTC 计算值的相对误差在±25%以内。图 2.30(b)还表明浮升力作用很强时，Mokry 关联式虽然无法预测出局部的壁温飞升，但 HTC 预测值的相对误差仍然是可以接受的。

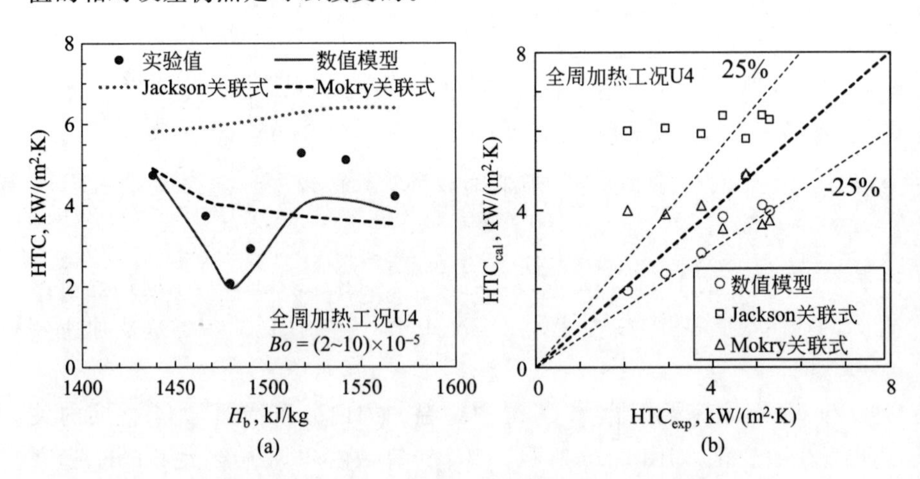

图 2.30　全周加热工况 U4 上升流动中不同方法预测得到的 HTC 比较

Jackson 关联式：(2-25)；Mokry 关联式：(2-26)

(a) HTC 随 T_b的变化情况；(b) HTC 的相对计算误差

工况 N3 受热侧中点处换热系数 $HTC_{\varphi=0^\circ}$ 随温度的变化如图 2.31(a)所示。H_b 逐渐增加到 H_{pc} 附近时，$HTC_{\varphi=0^\circ}$ 始终保持在(4～5)kW/(m^2·K)，没有出现工况 N1、N2 中在 T_{pc} 附近的明显增加现象，高 q/G 下大比热区内对流换热明显削弱。图 2.31(a)中 Jackson 关联式的预测值明显高于模型计算值，偏差较大，这可能是由于工况 N3 受到了浮升力的影响，也可能是因为 Jackson 关联式在拟合时使用的是 q/G 较小的数据；Mokry 关联式预测值则与模型计算值符合较好，相对误差在±25%以内。

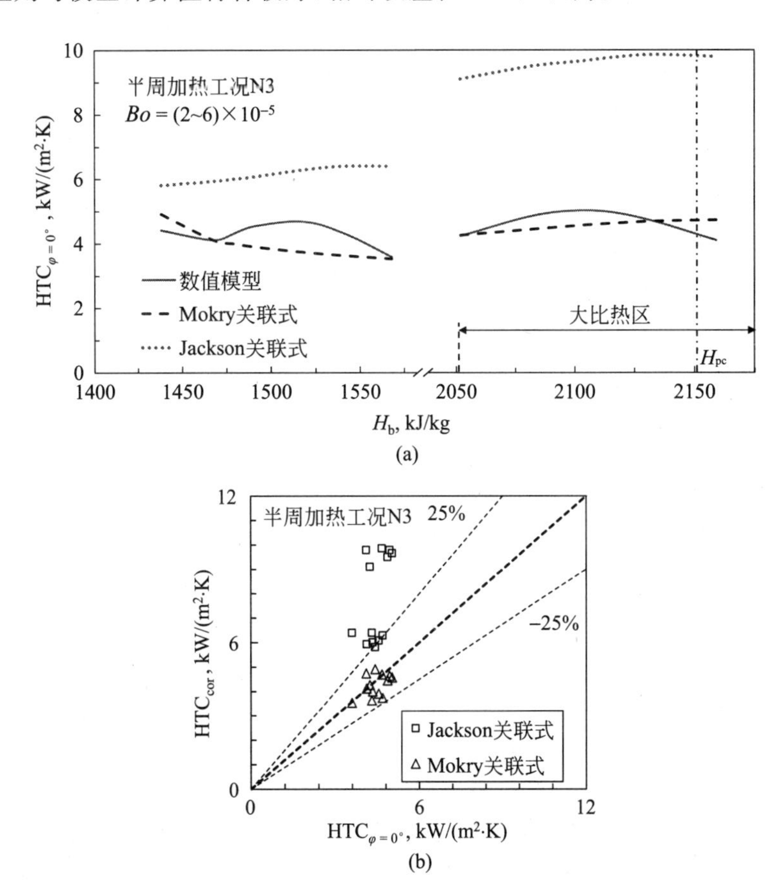

图 2.31　半周加热工况 N3 上升流动中不同方法预测得到的受热侧中点处 HTC 比较

Jackson 关联式：(2-25)；Mokry 关联式：(2-26)

(a) HTC 随 H_b 的变化情况；(b) HTC 的相对误差

总结 2.2.4 节和 2.2.5 节的讨论结果可以发现，当全周加热条件下浮升力影响可忽略、换热属于变物性强制对流换热时，相同条件下半周加热的

最大内壁温 $T_{iw,max}$ 与全周加热相同；当全周加热条件下浮升力对换热的影响较明显时，相同条件半周加热时超临界流体对流换热受浮升力的影响低于全周加热。在研究的 $q_{max}/G<0.78$kJ/kg 范围内，全周加热 Mokry 关联式(2-26)可以较好地预测半周加热时的 $T_{iw,max}$。对于热加速效应，由于研究的管径较大、质量流速和热流都相对较低，研究范围内热加速效应很小，可忽略。下一小节将着重分析不同周向加热条件下浮升力的影响机制。

2.2.6　浮升力影响机制分析

对于图 2.27(a)中的上升流动，半周加热管的最大壁温低于全周加热管，而下降流动中则是半周加热管的最大壁温高于全周加热管。这表明半周加热条件下上升流动中浮升力对换热的削弱和下降流动中浮升力对换热的强化都弱于全周加热。图 2.32 给出了 $p=24.8$MPa、$G=404$kg/(m^2·s)、$q(q_{max})=315$kW/m^2、$T_b=600$K 时，即图 2.27(a)壁温峰值附近点 A 处，全周加热工况 U4 和半周加热工况 N3 中不同流向时的流场。

图 2.32 中，半周加热工况给出的是横截面圆心 $r=0$ 到受热侧内壁面中点处($r=R$,$\varphi=0°$)的流场信息。此外，为了区分出边界层中的不同区域以更好地理解换热过程，图中还给出了 $T_b=600$K 时等温流动的流场。

图 2.32(a)中轴向速度 u 的径向分布表明与等温流动相比，在浮升力的作用下两种加热条件上升流动中近壁面流体的 u 都急剧增加，达到最大值 u_{max}后降低，直至在主流区低于等温流动时的 u。全周、半周加热中 u_{max}分别出现在与等温流动中 $y^+\approx 30$ 和 $y^+\approx 120$ 对应的径向位置处。两种加热条件下的下降流动中，不管是在近壁面区还是主流区，u 的径向分布都呈现出远离壁面时的缓慢增长，与等温流动差别不大，远低于上升流动与等温流动的差别。

图 2.32(b)湍动能 k 的径向分布中，全周加热上升流动的 k 远低于其他工况，这导致了图 2.27(a)中出现的严重的壁温飞升现象。比较图 2.32(a)、(b)可以发现，k 和 u 的径向分布存在一定的联系。两个上升流动中 k 的最大值 k_{max}都是出现在 $y^+\approx 10$，继续离开壁面，k 逐渐降低，全周、半周加热条件下 k 分别在 $y^+\approx 30$ 和 $y^+\approx 120$ 附近达到最小值，这个径向位置处 u 恰好达到了最大值。$y^+\approx 30$ 位于边界层中缓冲层(buffer layer)和对数区(law of the wall, or log-law region)的交界处[128]，u 在此径向位置达到最大值会引起 u 的径向梯度$\frac{\partial u}{\partial r}$急剧降低，进一步导致当地湍流切应力和湍

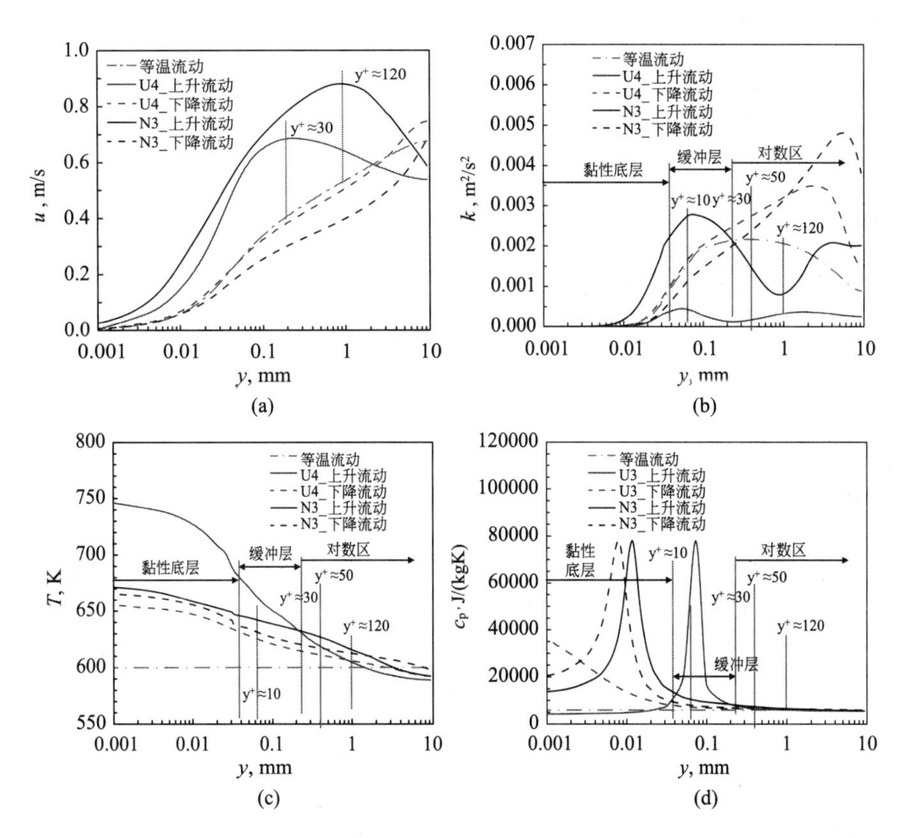

图 2.32　不同加热条件(工况 U4、N3)和流动方向下流场的径向分布

(a) 轴向速度 u；(b) 湍动能 k；(c) 流体温度 T；(d) 定压比热 c_p

$p=24.8\text{MPa}$，$G=404\text{kg/(m}^2\cdot\text{s)}$，$q(q_{max})=315\text{kW/m}^2$，$T_b=600\text{K}$

动量的锐减($y^+\approx30\sim100$ 时，全周加热上升流动中 $k<5\times10^{-4}\,\text{m}^2/\text{s}^2$，远低于等温流动时)，此时管内流场相当于较小 Re 数时的湍流，甚至与层流类似[25]。于是径向的湍流动量和热量传递很弱，近壁面区流体吸收的热量无法有效地传递到主流冷工质，近壁面流体的温度就出现了急剧升高，如图 2.32(c)所示。近壁面流体温度的剧烈升高又引起了流体比热 c_p 的迅速降低，参见图 2.32(d)，这进一步削弱了近壁面流体冷却壁面的能力，对流换热进一步恶化。对于半周加热的上升流动，与全周加热相比，u_{max} 出现在更靠近主流区的 $y^+\approx120$ 处。而在缓冲层和对数区的过渡区域($y^+\approx30\sim100$)，u 的径向梯度$\dfrac{\partial u}{\partial r}$维持在一个较大值，这能确保该过渡区内湍流动量和

能量的径向输送很充分($y^+\approx30\sim100$ 这一区域内,半周加热上升流动的 k 远远大于全周加热上升流动,仅略低于等温流动的 k)。下降流动的流场也证明了缓冲层和对数区过渡区域内湍流强度的重要性。在 $y^+\approx30\sim100$ 的径向区域内,四个受热工况中 k 最大的是全周加热下降流动,随后依次是半周加热下降流动、半周加热上升流动和全周加热上升流动。此排序与壁温从低到高的排序一致,如图 2.32(c)所示,这表明该区域内湍流的增强的确能强化整体对流换热。与之相比,黏性底层和缓冲层中的湍流扩散就显得没那么重要,因为尽管半周加热上升流动中该区域内 k 最高,但该工况的换热效果却是最差的。

保持工况 N3 中其他操作条件不变,将 q_{max} 增加到 $370kW/m^2$ 得到半周加热工况 N4,发现 N4 上升流动中出现了与 U4 中相似的局部壁温飞升,如图 2.33 所示。与 U4 相比,由于热负荷较高,N4 中传热恶化提前发生。N4 下降流动的 $T_{iw,max}$ 则依然保持平稳地上升,这表明浮升力明显影响了 N4 中超临界流体的对流换热。同样地,对 N4 上升流动壁温峰值处($T_b=594.5K$)的流场进行分析,并与 N3 相同 T_b 处的流场进行对比,见图 2.34。

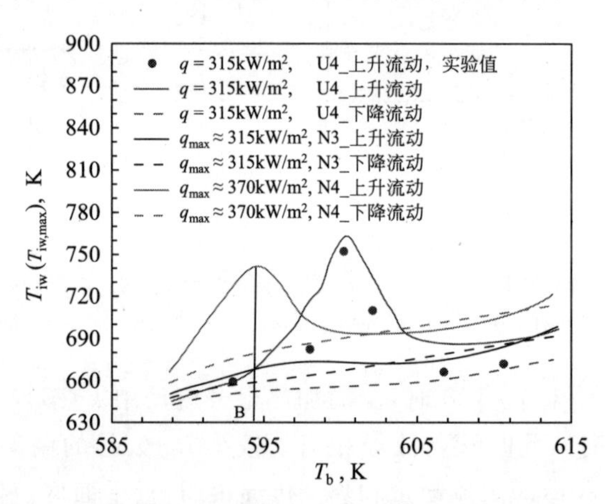

图 2.33　全周加热(q)、半周加热(q_{max})条件下 T_{iw} 和 $T_{iw,max}$ 的分布

$d=18.5mm$, $p=24.8MPa$, $G=404kg/(m^2\cdot s)$

图 2.34(a)轴向速度 u 的径向分布中,N3 上升流动的 u_{max} 出现在 $y^+\approx150$,N4 上升流动中 u_{max} 所在径向位置则更靠近壁面,在 $y^+\approx30$ 附近,与图 2.32(a)中全周加热工况 U4 的上升流动类似。N4 上升流动的湍动能 k 在 $y^+\approx30\sim100$ 内也出现了与 U4 上升流动中类似的剧烈降低,如图 2.34(b)所示,该径向区域内 $k<8\times10^{-4}\ m^2/s^2$,在 $y^+\approx30$ 时达到最小值。前面的

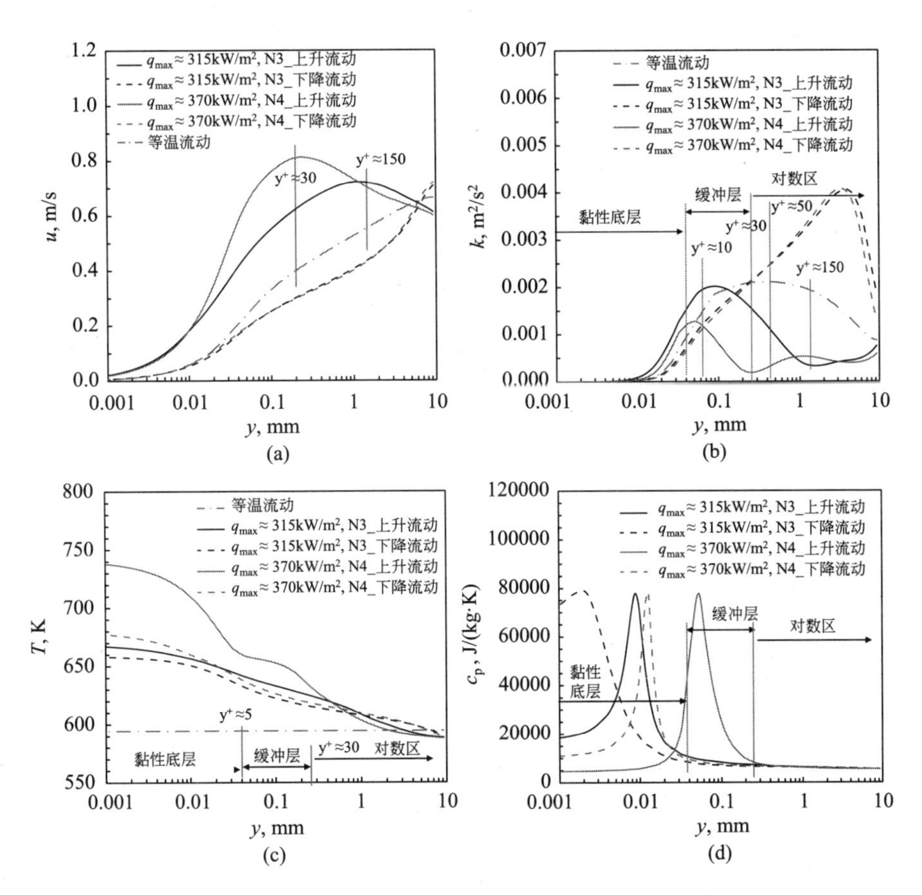

图 2.34　N3、N4 工况不同流动方向中流场的径向分布

(a) 轴向速度 u；(b) 湍动能 k；(c) 流体温度 T；(d) 定压比热 c_p

$p=24.8$MPa，$G=404$kg/(m² · s)，$q_{max}=315$ 或 370kW/m²，$T_b=594.5$K

讨论中已经分析过 $y^+\approx30\sim100$ 区域内湍流强度的重要性。在 N4 上升流动中，由于这一过渡区域内湍流很弱，湍流径向输运不充分，从壁面吸收的热量集中于壁面附近且无法被有效地传递到主流区，因此近壁面流体温度剧烈升高，定压比热明显降低（图 2.34(c)～(d)）。另一方面，对于半周加热下降流动，当 q_{max} 从 315kW/m² 增大到 370kW/m² 时，u 和 k 的径向分布基本没有发生改变，图 2.33 中 N4 下降流动的 $T_{iw,max}$ 分布基本上只是在 N3 下降流动 $T_{iw,max}$ 分布的基础上向上平移了，因此 N3 和 N4 下降流动的换热特性基本相同。对工况 U4 和 N4 的分析表明，不管是全周加热还是半周加热，边界层内缓冲层和对数区之间的过渡区域 $y^+\approx30\sim100$ 中湍流对流体

的整体换热特性至关重要。该过渡区起到了桥梁的作用，实现了近壁面热流体和主流区冷流体之间的动量、能量传递。两种周向加热条件下，浮升力都是通过使近壁面流体加速、减小径向湍流切应力进而削弱该过渡区域中的湍流强度来恶化上升流动的换热。浮升力对换热的影响是一种局部（当地）效应，半周加热时由于管壁内热量沿周向的均流作用，浮升力的影响被削弱，浮升力引起的传热恶化只有在更高的热流密度下才会出现。半周加热条件下，浮升力对上升流动中超临界流体对流换热的影响强于下降流动。

2.3 本章小结

本章对全周/半周加热光管中超临界水的正常传热、传热强化和传热恶化进行了研究，通过对已有实验数据和基于本章数值模型得到的计算结果的分析，在不同传热条件下分析了周向加热条件和浮升力对超临界流体对流换热的影响，得到了以下主要结论：

(1) 对公开发表文献中全周加热光管内超临界水的传热恶化判据进行了比较，发现质量流速 G、管径 d 与传热恶化发生时的界限热流密度 q 呈非线性关系，引入了工质对单位壁面的冷却能力 G/d 后，提出了新的传热恶化判据：$q>d\left(0.36\dfrac{G}{d}-1.1\right)^{1.21}$。新判据的适用范围较广，预测准确性优于已有判据，可用于指导超临界工业装置的设计。

(2) 建立了流固耦合的光管中超临界水对流换热的数值模型，使用全周、半周加热的实验数据对模型进行了校验并分析了模型的敏感性后，研究了正常传热、传热强化和传热恶化条件下全周/半周加热光管中超临界水的对流换热。低 q/G、正常传热和传热强化发生时，全周/半周加热条件下浮升力对换热的影响都很微弱，半周加热光管内壁温度的周向偏差 $T_{iw,dif}$ 随着工质温度靠近拟临界温度 T_{pc} 逐渐减低，远离 T_{pc} 后 $T_{iw,dif}$ 又逐渐增大；半周加热光管内壁最大温度 $T_{iw,max}$ 与相同操作条件下全周加热工况的内壁温相差不大，全周加热的 Jackson 换热关联式(2-25)和 Mokry 换热关联式(2-26)可以用于预测半周加热最大内壁温(受热侧中点)处的对流换热系数。

(3) 高 q/G 下，相同操作条件下半周加热时超临界流体对流换热受浮升力的影响程度低于全周加热，更高的热流密度下浮升力引起的传热恶化才会出现；半周加热中工质跨越大比热区时 $T_{iw,dif}$ 始终较大，没有出现先降后增的现象；$q_{max}/G<0.78$kJ/kg 的范围内，全周加热的 Mokry 关联式(2-26)仍能较好地预测半周加热光管受热侧中点处的对流换热系数。

(4) 全周/半周加热情况下，边界层内缓冲层和对数区之间的过渡区域 $y^+\approx30\sim100$ 中湍流对流体的整体换热特性至关重要。该过渡区起到了桥梁的作用，实现了近壁面热流体和主流区冷流体之间的动量、能量传递。两种周向加热条件下，浮升力都是通过使近壁面流体加速、减小径向湍流切应力进而削弱过渡区域中的湍流强度来恶化上升流动的换热。浮升力对换热的影响是一种局部(当地)效应，半周加热时由于管壁内热量沿周向的均流作用，浮升力的影响被削弱，浮升力引起的传热恶化只有在更高的热流密度下才会出现。半周加热条件下，浮升力对上升流动中超临界流体对流换热的影响强于下降流动，半周加热下降流动中浮升力对换热的强化作用也低于全周加热下降流动。

第3章　全周加热条件下内螺纹管的传热特性研究

由于目前对浮升力影响较大时及下降流动时内螺纹管传热特性的研究还比较缺乏，本章从实验和数值模拟两方面，通过比较上升、下降流动时内螺纹管的换热特性，重点分析较宽浮升力影响范围内垂直上升/下降内螺纹管中超临界流体的对流换热，对内螺纹管中可能存在的超临界混合对流恶化进行分析和讨论，并同光管中的混合对流恶化进行比较。实验在清华大学高压内螺纹管实验台上进行，下面首先对实验方案和结果进行讨论，随后对数值计算结果进行分析。

3.1　内螺纹管中超临界CO_2对流换热的实验研究方案

3.1.1　实验工质的选择

本章的研究重点是内螺纹管中流体发生剧烈物性变化时其换热特性的变化规律。在拟临界点附近，超临界水和CO_2物性的剧烈变化都会产生很强的浮升力作用，二者都满足实验要求。但使用水有以下缺点：水的临界压力和温度都很高(22.06MPa，647.1K)；实验段管径较大，管内工质流量高(1000～2000kg/h)，搭建超临界水实验台所需的加热功率、冷却功率很大，实验的操作难度、设备运行的危险性和实验系统的建设成本高；实验测试的精度也容易受到高温高压、实验设备庞大等的影响。与水相比，CO_2的临界参数则低很多($p_{cr}=7.38$MPa，$T_{cr}=304.13$K)，焓值也较小，使用CO_2作为实验工质便于实验台的搭建和操作，因此在超临界对流换热的研究中CO_2已经得到了广泛的应用[35,48,52,70,129-132]。此外，由于具有以下特点，超临界CO_2在一定程度上也能较好地模拟超临界水的换热特性：

(1) 在拟临界点附近，超临界CO_2的物性变化规律与超临界水十分相似，如图1.3所示，无量纲温度坐标下二者的无量纲物性参数变化的趋势相同、数量上基本一致。

（2）已有对光管中超临界流体对流换热的研究表明，浮升力、热加速效应可忽略时，基于超临界 CO_2 实验数据得到的变物性强制对流经验关联式(2-25)能很好地预测超临界水的换热系数。Jackson 使用约 1500 个超临界水和约 500 个超临界 CO_2 的实验数据对关联式(2-25)进行了校核[41]，发现该关联式也能很好地预测超临界水的换热，而且对两种工质的预测准确性相当（对于超临界水，分别有 90%和 97%的实验点的预测误差在±20%和±25%以内；对于超临界 CO_2，分别有 93%和 98%的实验点的预测误差在±20%和±25%以内），这表明超临界水和超临界 CO_2 的对流换热具有相似性。

（3）对于本章重点关注的混合对流换热，总结光管中的研究后发现，当浮升力对换热的影响很明显时，超临界水和超临界 CO_2 的对流热热依然具有一定的相似性，如图 3.1 所示，基于超临界 CO_2 混合对流恶化实验数据得到的半经验模型[19]能较好地预测超临界水的混合对流恶化现象。

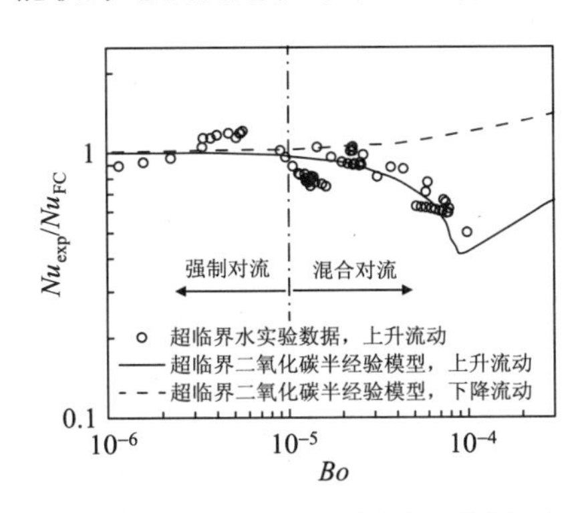

图 3.1　超临界混合对流换热恶化线-模型计算结果[19]与点-水实验数据[8,15,111]

基于以上分析，本章采用超临界 CO_2 作为实验工质来研究浮升力对内螺纹管中超临界流体对流换热的影响，在此基础上，对内螺纹管和光管中超临界流体的对流换热进行对比和分析，以深入了解内螺纹管中超临界流体换热的机理。

3.1.2　实验系统及实验段介绍

实验系统如图 3.2 所示。实验系统分为加压系统、循环系统和制冷系统三个部分。实验中气态 CO_2 由高压气瓶提供。实验前首先开启风冷式制冷机和换热器，乙二醇溶液在换热器中被来自风冷式制冷机的 R22 冷却后，进入液态 CO_2 储罐。储罐内溶液温度降低到预定温度后，将高压气瓶中的 CO_2 打入储罐中液化，再通过 CO_2 加压泵将低温液态工质打入循环回路

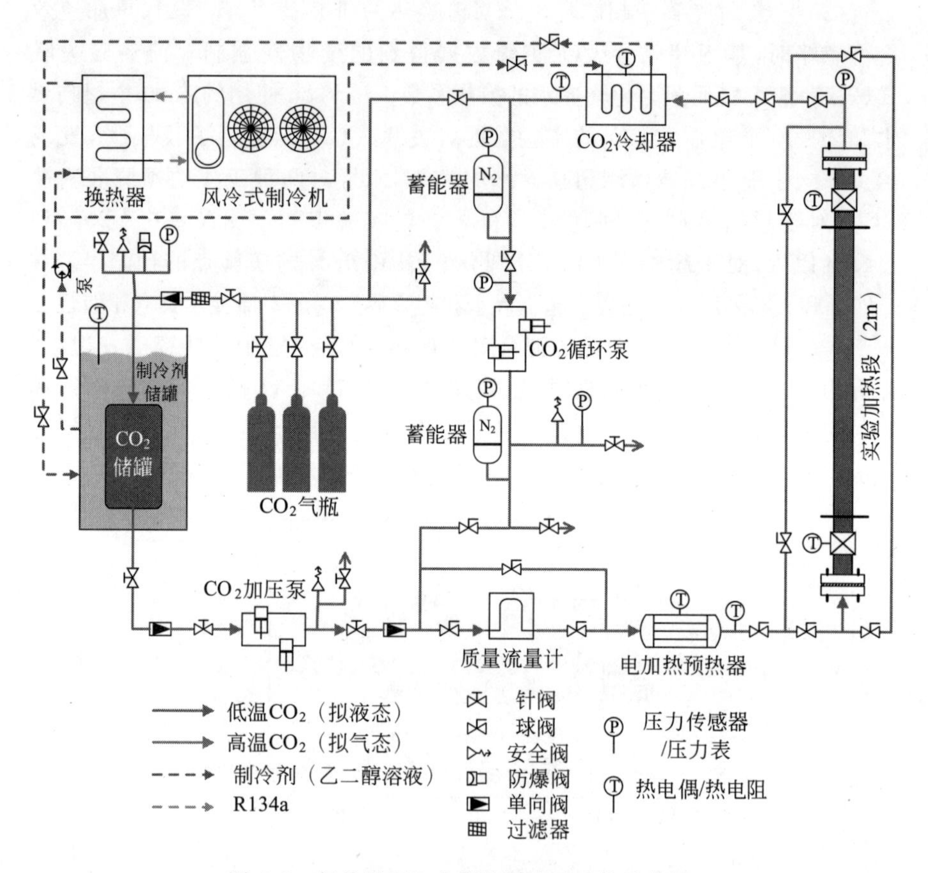

图 3.2　超临界 CO_2 内螺纹管实验系统示意图

并升高到预定的压力。加压泵的工作频率由 Delta CP2000 变频器控制，可实现连续调节。

在循环系统中，二氧化碳在循环泵的带动下流动，循环泵工作频率由 Delta CP2000 变频器控制，可实现工质流量从 0～1000kg/h 的连续调节。循环回路配有排液阀，可以用来调节系统压力。CO_2 通过质量流量计后进入电加热预热器，然后流过实验段。通过调节实验段两边的阀门，可以控制二氧化碳在实验段内的流动方向。在循环泵的两端各设置有一个 N_2 稳压蓄能器，以降低循环泵的压力脉动对实验段的影响。超临界 CO_2 经实验段受热后进入冷却器，被冷却后经循环泵再次进入质量流量计，进行下一循环。实验中通过冷却系统实现对流体的冷却。冷却系统包括名义制冷量 52kW 的风冷式制冷机、CO_2 盘管式冷却器以及冷却循环泵。实验中通过调节冷却液温度和进出口流量来改变冷却功率。冷却器出口处 CO_2 的温度作为反馈控制信号输出到控制系统，并自动实现制冷机的启停。

实验测试的管段为四头内螺纹管，其结构示意图、纵截面实物图如图 3.3 所示。为便于描述下文中把本文实验研究的内螺纹管记为 IRT_L。出于保密原因，仅将 IRT_L 的部分结构参数列于表 3.1 中，其中当量直径 d_h 由充水法测量得到。实验段包括 2000mm 长的加热段以及前后各 500mm 长的绝热水力发展段。使用低电压高电流的交流电直接通到实验段上对其进行加热。380V 的交流电经过单相干式柱式调压器和单相干式变压器后变为 0～10V，通过铜电缆接到加热段两端的电极上对管内流体进行加热。加热电流为 0～2000A，加热电压为 0～10V，功率为 0～20kW。实验中通过调节加热系统控制柜面板来实现对实验段加热热流的连续调节。

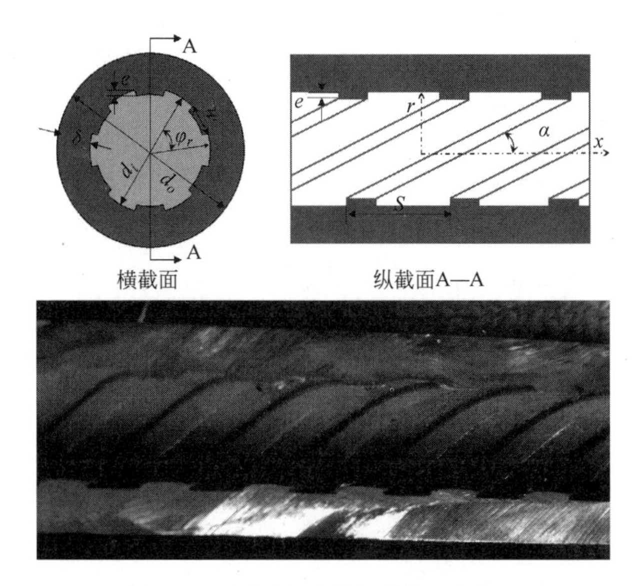

图 3.3　测试内螺纹管的结构和实物图

表 3.1　测试内螺纹管的结构参数（部分）

编号	N_s	d_o,mm	d_h,mm	w,mm	α,°	e/d_i	e/s
IRT_L	4	30.1	15.8	5.5	31	0.052	0.061

3.1.3　实验参数的测量

实验中测量的参数主要有质量流量、系统压力、实验段压差、工质进出口温度、管壁温度、实验段的加热量和散热量等。

工质的流量采用 Siemens SITRANS F C MASSFLO MASS 2100 DI6 传感器进行测量。此流量计根据科里奥利力原理对质量流量直接进行测量，无需进行与压力、温度、密度等物性相关的修正。传感器的测量信号通过 MASS 6000 IP67 变送器实时显示，同时变送器将流量信号作为 4～20mA 的电流输出到数据采集系统。

实验段的入口压力通过布置在入口处的压力变送器测量得到，进出口的压降由压差变送器进行测量。实验段外壁温度由直径为 0.5mm 的 T 型热电偶(Omega TT-T-24-SLE)测量得到，实验前使用点焊机直接将热电偶焊接在实验段外表面，并使用卡箍和电绝缘垫片对热电偶进行固定。实验段上共布置有 54 个热电偶，如图 3.4 所示，其中加热段前后的绝热流动段上各布置 3 个热电偶以监控绝热段的壁温及保温效果，2000mm 长的加热段上按轴向间距为 50mm 来布置热电偶，同时在加热段长度 $L_{h,x}=500$，1000 和 1500mm 的横截面周向等角度布置 4 个热电偶。使用 Omega P-M-1/10-1/8 热电阻测量实验段进出口的流体温度，热电阻布置在加热段以外两端的混合器内，热电阻插入混合器中心以测量均匀混合后的流体温度。

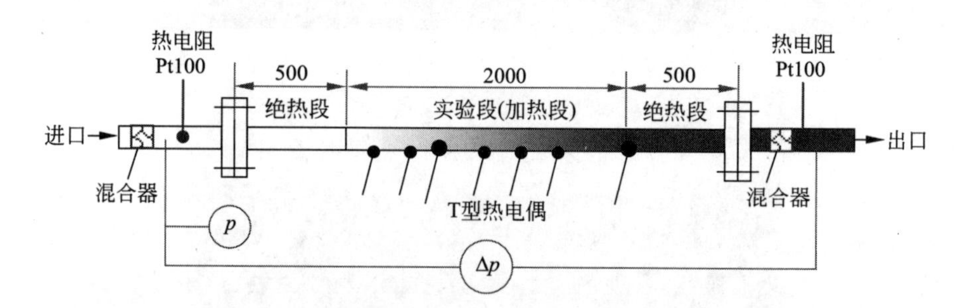

图 3.4　测试段测点布置

实验段的加热量根据加热段两端电压和通过加热段的电流计算得到。电压由 Agilent 34970A 数据采集仪测量得到，交流电通过电流互感器变换成 0～5A 的直流电流信号后再通过电流变送器转换成 4～20mA 的直流电流信号输入到数据采集系统。整个 3000mm 长的实验段外表面包裹一层厚度为 60mm 的高温绝热石英棉对实验段进行保温。保温处理后对实验段的散热情况进行了测量。测定中首先使用真空泵抽掉系统内的空气以消除自然对流的影响，然后打开加热系统，缓慢调节加热功率，并密切监视实验段的壁温变化情况，以防壁温升高过快烧毁热电偶。待壁面温度稳定后，记录下壁温、空气温度和加热电功率，此时的电功率就是该平均壁温和空气温度 T_{amb} 下的散热量。调节加热功率的大小，就可以得到不同温差与散热量之间的对应关系，如图 3.5 所示。可以看到，散热功率 Q_l 与壁温和环境温度的差值（$T_{ow}-T_{amb}$）呈很好的线性关系，因此后续的实验中可以根据图中的线性关系式，利用测量得到的壁温反推出散热量。图 3.5 还表明实验段的保温效果很好，当壁温高达 200℃时，散热量仅为 0.15kW，实验中对应的加热量为 6kW，散热率仅为 2.5%。

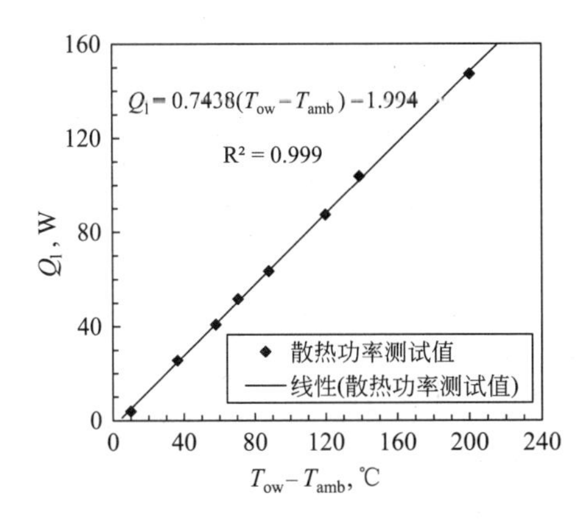

图 3.5 实验段散热功率 Q_l 的测定

3.1.4 实验操作步骤

（1）检查电加热系统、热电偶、数据采集系统是否正常工作。打开排气风扇、同时开窗，保持室内通风。打开 CO_2 浓度监测器，检查 CO_2 气瓶气量，保证实验过程中气量充足。

（2）接通实验台电源，开启实验台控制系统和数据采集系统。使用真空泵对循环回路进行抽真空处理，排除回路内空气对实验的干扰。

（3）开启制冷机、乙二醇溶液换热器，使 CO_2 液态储罐内的温度达到预定温度。

（4）开启 CO_2 气瓶，向 CO_2 储罐充气直到储罐压力达到 4.5～5MPa 后，开启 CO_2 加压泵，将储罐中的液态 CO_2 打入循环回路，回路压力达到预定值后关闭加压泵。

（5）开启循环泵，调节循环泵频率至工质流量达到预定值。

（6）开启预热系统和加热系统，调节实验段进口温度和加热功率达到预定值。

(7) 开启冷却系统,调节冷却液进出口流量和温度,直至冷却功率达到预定值。

(8) 当流体进出口温度和壁温保持稳定后,采集并记录实验数据。

(9) 调节参数至下一个设计工况。

(10) 实验结束后,依次关闭加热系统、预热系统、循环泵、冷却系统、数据采集系统和控制系统。随后,切断实验台总电源,检查系统压力,如系统压力过高,则需对回路内工质进行冷却直至压力降低到5MPa左右;环境温度过高且实验台处于长期不运转的状态时,需排空回路和储罐内的CO_2。

3.1.5 实验参数处理及不确定度分析

实验中对压力、加热段长度、流量、加热量、温度等物理量的测量不可避免地会存在一些不确定性因素,与真值有一定的差距,必须对实验测量值的不确定度进行分析,以了解这些不确定度对实验结果的影响。

(1) 压力和压差

实验段压力由布置在入口处的型号为TS2088-XS的压力变送器测量得到,量程为15MPa,精度为0.5%,实验中测量的最小压力是7.6MPa,所以最大相对不确定度为:

$$\frac{\delta p}{p}=\frac{15\times 0.5\%}{7.6}=0.99\% \tag{3-1}$$

实验段进出口压差由型号为EJA110A-M的压差变送器测量,量程为−30～30kPa,精度为±0.065%。实验中测量的最小压差为1kPa,压差的最大相对不确定度为:

$$\frac{\delta(\Delta p)}{\Delta p}=\frac{30\times 0.065\%}{1}=1.95\% \tag{3-2}$$

(2) 实验段水力直径及加热面积

内螺纹管的水力直径d_h采用充水法多次测量取平均值得到,测量平均值为15.8mm,标准偏差δd_h为±0.1mm,则相对不确定度为0.63%。实验段加热长度L_h为2 m,加热段两端电极板焊接引入的不确定度δL_h约为0.05m,则相对不确定度为2.5%。因此,基于水力直径的平均加热内表面积A的相对不确定度为:

$$\frac{\delta A}{A}=\sqrt{\left(\frac{\delta d_h}{d_h}\right)^2+\left(\frac{\delta L_h}{L_h}\right)^2}=\sqrt{0.63\%^2+2.5\%^2}=2.6\% \tag{3-3}$$

(3) 流量

工质的质量流量采用Siemens SITRANS FC MASSFLO MASS 2100

DI6 传感器进行测量。流量计量程为 0～1000kg/h。当质量流量 $M>$ 50kg/h 时，测量不确定度为 0.15%；当 $M<$50kg/h 时，其不确定度根据下式计算：

$$\frac{\delta M}{M}=\pm\left(\sqrt{0.1^2+\left(\frac{Z\times 100}{M}\right)^2}\right)\% \tag{3-4}$$

其中 Z 是最大零点误差，为 0.05kg/h。实验中 M 始终大于 50kg/h，所以最大相对不确定为 0.15%。

质量流速 G 通过质量流量 M 和实验段横截面积计算得到，其相对不确定为：

$$\frac{\delta G}{G}=\sqrt{\left(\frac{\delta M}{M}\right)^2+\left(2\,\frac{\delta d_{\mathrm{h}}}{d_{\mathrm{h}}}\right)^2}=\sqrt{0.15\%^2+(2\times 0.63\%)^2}=1.3\% \tag{3-5}$$

（4）实验段加热量和热流密度

实验段的加热量根据加热段两端电压和通过加热段的电流计算得到。加热电压由 Agilent 34970A 数据采集仪测量得到，实验中选取的量程最大值 $U_{\max}$ 为 30V，输入电压 U_{input} 在 1～10V 之间，其最大相对不确定度由下式计算得到：

$$\frac{\delta U_{\mathrm{input}}}{U_{\mathrm{input}}}=\left(\frac{0.0035\times U_{\mathrm{input}}+0.0005\times U_{\max}}{U_{\mathrm{input}}}\right)=0.0185\% \tag{3-6}$$

实验中在固定电压下改变电压测点的周向位置、多次测量求平均值后，发现测点接触不均引入的误差约为 1%。考虑此误差后，电压的相对不确定度为 1.02%。

实验段交流电范围是 0～2000A，通过精度为 0.2%、转换倍数为 400/1 的电流互感器变换成 0～5A 的直流电流信号，再通过精度为 0.2%的电流变送器转换成 4～20mA 的直流电流信号输出到数据采集系统。于是，电流测量的相对不确定度为：

$$\frac{\delta I}{I}=\sqrt{(0.2\%)^2+(0.2\%)^2}=0.28\% \tag{3-7}$$

电加热功率等于电压乘以电流然后减去散热功率。对散热功率进行测量时，平均外壁温达到 200℃时散热量仍低于 0.2kW，实验中对应的加热量为 6kW，散热量占加热量的 2.5%，所以散热功率 Q_{l} 的最大不确定度为 2.5%。由于实验工况的壁温分布与测试散热功率时的壁温分布并不相同，这在计算散热功率时可能会引入误差，认为壁温分布不同引入的不确定度

为 2.5%,则散热量的最大相对误差为 5%,那么电加热功率 Q_E 的相对不确定度为:

$$\frac{\delta Q_E}{Q_E}=\sqrt{\left(\frac{\delta U_{input}}{U_{input}}\right)^2+\left(\frac{\delta I}{I}\right)^2+\left(\frac{\delta Q_l}{Q_l}\right)^2}=5.1\% \tag{3-8}$$

实验段平均加热热流密度 q 等于加热功率除以平均加热内表面积,其相对不确定度为:

$$\frac{\delta q}{q}=\sqrt{\left(\frac{\delta Q_E}{Q_E}\right)^2+\left(\frac{\delta A}{A}\right)^2}=\sqrt{(5.1\%)^2+(2.6\%)^2}=5.7\% \tag{3-9}$$

(5) 热平衡分析

实验中对实验工况按照下式进行热平衡分析:

$$\Delta Q_{HB}=\frac{Q_E-Q_l-\dfrac{M}{3600}(H_{out}-H_{in})}{Q_E}\% \tag{3-10}$$

式中 H_{in} 和 H_{out} 分别是实验段进出口处的流体焓值。对于大多数进出口温差大于 5℃的工况,经检查发现热平衡偏差都在±15%以内。对于进出口温度在拟临界温度附近的工况,热平衡偏差可高达 60%,这是由于此时进口(出口)处 0.24℃的温度不确定性就会使焓差($H_{in}-H_{out}$)的相对偏差达到 40%。对于这种工况,考虑实验段散热量 Q_l 很低,电加热量基本都被流体吸收,因此此时的流体进口(出口)温度使用出口(进口)温度和加热量反推得到[7]。

(6) 温度

实验段进出口处的流体温度使用 Omega P-M-1/10-1/8 热电阻测量,量程为-50~100 ℃,精度为±0.1℃,流体进出口温差 ΔT_b 的均方根不确定度小于±0.14℃。实验段沿程的局部流体温度根据进出口温度和物性表线性插值得到,假设引入的误差为 0.1℃,则局部流体温度 $T_{b,x}$ 的不确定度为:

$$|\delta T_{b,x}|\leqslant|\Delta T_b|+0.1=0.24℃ \tag{3-11}$$

实验段采用直接通电的方式加热,管壁中间和内表面的温度难以直接测量,因此采用目前学者们(表 1.2)常用的反推法,即通过测量外壁温度 T_{ow} 反推得到内壁温。由于本文研究的内螺纹管实验段管壁较厚(δ=6.9mm,d_h=15.8mm,δ/d_h=0.44),轴向导热对壁温和热流密度分布的影响可能较大。但张宇[133]的研究表明,即使 δ/d_h 高达 2.4 时(δ=0.66mm,d_h=0.29mm),轴向导热的影响也仅仅局限于入口和出口处很小一部分,推算内壁温时忽略轴向导热是可靠的。于是求解对象成为一个有内热源的一维稳态导热问题，求解导热控制方程后得到内壁温度的计算式为[7]：

$$T_{iw,ave} = T_{ow} + \frac{q_v}{4\lambda}\left(\frac{{d_o}^2}{4} - \frac{d^2}{4}\right) - \frac{q_v}{2\lambda} \cdot \frac{d_o^2}{4}\ln\left(\frac{d_o}{d}\right) \tag{3-12}$$

式中：q_v——内热源强度，W/m^3；

d_o，d——实验段外径和内径，m；

λ——实验段材料的导热系数，实验中采用的内螺纹管材料是 SA-213T12，在实验范围内，其导热系数随温度在 47～42W/(m·K)之间变化。

考虑到内螺纹管壁面中沿周向的导热，测量得到的外壁温 T_{ow} 实际上反映的是内壁温度的平均值，因此根据式(3-12)计算得到的是内壁面平均温度 $T_{iw,ave}$。同理，在计算中式(3-12)里的 d 也采用水力平均直径 d_h。

内热源强度 q_v 由下式计算得到：

$$q_v = \frac{Q_E}{L_h S} \tag{3-13}$$

式中 S 是管壁的截面积，S 近似等于 $\pi(d_o^2 - d_h^2)/4$，其相对不确定度 $\delta S/S$ 等于 d_h 相对不确定度的 2 倍。因此 q_v 的相对不确定度为：

$$\frac{\delta q_v}{q_v} = \sqrt{\left(\frac{\delta Q_E}{Q_E}\right)^2 + \left(\frac{\delta L_h}{L_h}\right)^2 + 4\left(\frac{\delta d_h}{d_h}\right)^2} = 5.7\% \tag{3-14}$$

实验中外壁温度使用直径为 0.5mm 的 T 型热电偶(Omega TT-T-24-SLE)测量得到，其量程为 0～350℃，精度为±0.5℃或±0.4%。实验中测量的 T_{ow} 范围是 0～200℃，绝大多数工况下其不确定度 δT_{ow} 为±0.5℃。因此，$T_{iw,ave}$ 的测量误差为：

$$\delta T_{iw,ave} = \sqrt{(\delta T_{ow})^2 + \left[\frac{1}{4\lambda}\left(\frac{{d_o}^2}{4} - \frac{d^2}{4}\right) - \frac{1}{2\lambda} \cdot \frac{{d_o}^2}{4}\ln\left(\frac{d_o}{d}\right)\right](\delta q_v)^2}$$

$$\approx 0.53℃ \tag{3-15}$$

实验大多数工况加热壁面与流体之间的温差都大于 5℃，所以流体与壁面的温差 ΔT 的相对不确定度为：

$$\left|\frac{\delta(\Delta T)}{\Delta T}\right| \leqslant \frac{\sqrt{(\delta T_{iw,ave})^2 + (\delta T_{b,x})^2}}{5} = 11.6\% \tag{3-16}$$

(7) 对流换热系数和努谢尔特数

局部对流换热系数 HTC 的计算关联式为：

$$\mathrm{HTC} = \frac{q}{\Delta T} = \frac{q}{T_{iw,ave} - T_{f,x}} \tag{3-17}$$

HTC 的相对不确定度为：

$$\frac{\delta(\mathrm{HTC})}{\mathrm{HTC}}=\sqrt{\left(\frac{\delta q}{q}\right)^{2}+\left(\frac{\delta(\Delta T)}{\Delta T}\right)^{2}}=\sqrt{(5.7\%)^{2}+(11.6\%)^{2}}=12.9\% \tag{3-18}$$

HTC 的最大不确定度为：

$$\frac{\delta(\mathrm{HTC})}{\mathrm{HTC}}\leqslant 5.7\%+11.6\%=17.3\% \tag{3-19}$$

局部努谢尔特数 Nu 的定义为：

$$Nu=\mathrm{HTC}\cdot d_{\mathrm{h}}/\lambda_{\mathrm{b}} \tag{3-20}$$

其中流体导热系数 λ_{b} 通过压力和进出口焓值计算得到，考虑到压力和进出口温度测量的不确定性，假设 $\delta\lambda_{\mathrm{b}}/\lambda_{\mathrm{b}}=2\%$，则 Nu 的相对不确定度为：

$$\begin{aligned}\frac{\delta(Nu)}{Nu}&=\sqrt{\left(\frac{\delta(\mathrm{HTC})}{\mathrm{HTC}}\right)^{2}+\left(\frac{\delta d_{\mathrm{h}}}{d_{\mathrm{h}}}\right)^{2}+\left(\frac{\delta\lambda_{\mathrm{b}}}{\lambda_{\mathrm{b}}}\right)^{2}}\\&=\sqrt{(12.9\%)^{2}+(0.63\%)^{2}+(2\%)^{2}}=13.1\%\end{aligned} \tag{3-21}$$

Nu 的最大相对不确定度为 15.5%。

3.2 内螺纹管中超临界 CO_2 对流换热实验结果及讨论

影响超临界流体对流换热的因素有很多，例如压力 p、温度 T_{b}、质量流速 G、加热热流密度 q 等。关于上述因素对内螺纹管中超临界流体对流换热的影响，前人已经做了大量的研究[27,57,59-64,67,78-80,101,134-139]，发现其规律与光管中一致：第一，增大 G 或降低 q 都能强化对流换热。第二，相同 T_{b} 下 p 越靠近临界压力 p_{c}，低 q/G 下换热能力越强，而高 q/G 下传热恶化越容易发生；相同 p 下 T_{b} 越靠近拟临界温度 T_{pc}，低 q/G 下换热能力越强，而高 q/G 下传热恶化越容易发生。因此，本节重点关注已有研究中较少涉及的浮升力对内螺纹管中超临界流体对流换热的影响。对于光管中超临界 CO_2 的对流换热，大量实验表明当 $q/G>(0.07\sim0.1)\mathrm{kJ/kg}$ 时[19,53,70,126,130,133,140]，上升流动中会出现明显的局部壁温突起，即浮升力对换热产生明显影响。若以浮升力准则数 Bo 来描述，一般来说当 $Bo<10^{-5}$ 时，浮升力的影响可以忽略；当 $10^{-5}<Bo<10^{-4}$ 时，浮升力引起上升流动中的传热恶化；当 $Bo>10^{-4}$ 时，浮升力改善了超临界流体的换热。为便于分析浮升力的影响，下面也按照 Bo 数的大小，在上述三个 Bo 数范围内对实验结果进行讨论。

3.2.1 $Bo<10^{-5}$

图 3.6～图 3.8 是 $Bo<10^{-5}$ 时 IRT_L 中超临界 CO_2 对流换热的典型

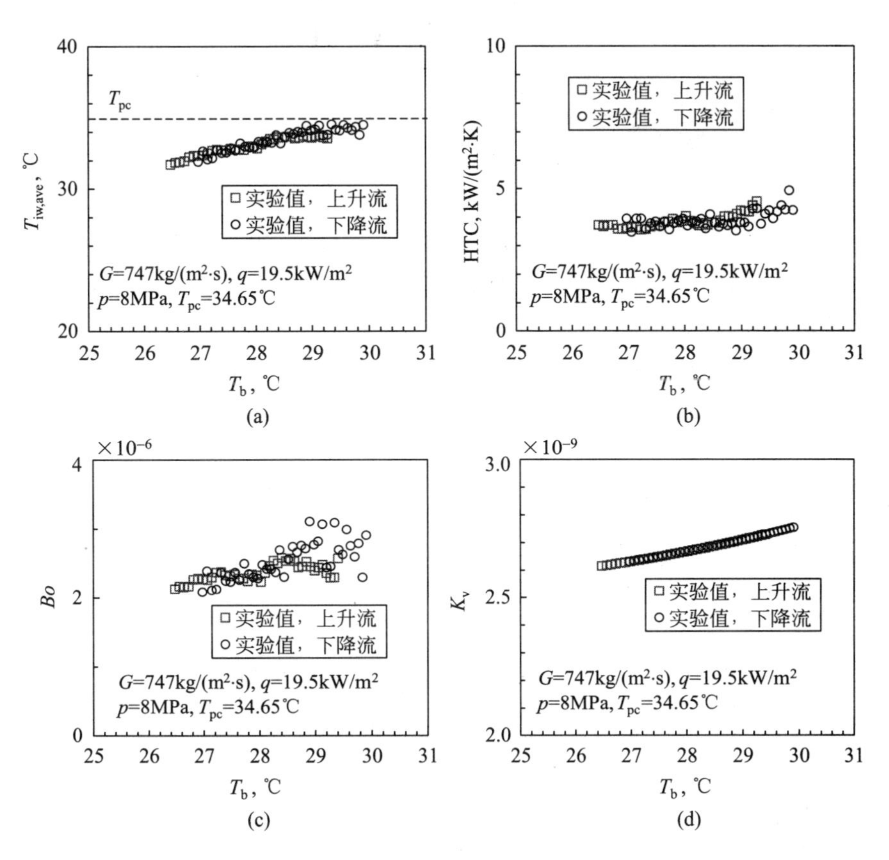

图 3.6　内螺纹管上升、下降流动实验结果比较(Bo～3×10^{-6})

(a) 壁温；(b) 换热系数；(c) Bo 数；(d) K_v数

实验结果。图 3.6 中压力保持在 8MPa(无量纲压力 $p/p_{cr}=1.08$)，$T_{pc}=34.65$℃，质量流速 G 都在 750kg/(m² · s)左右，加热热流 q 从 20kW/m²增加到 53kW/m²。图 3.6 中内壁温 T_{iw} 和工质温度 T_b 都低于 T_{pc}，管中流体物性沿径向的变化不明显，上升、下降流动中壁温分布基本一致，浮升力的影响较弱，换热系数 HTC 也基本上保持为常数不变。

图 3.7 中内壁温 $T_{iw,ave}$ 超过了 T_{pc}，管内流体的物性沿径向已经存在明显的变化，但上升、下降流动的壁温分布相差仍较小(<1℃)。此外，在变物性的作用下 HTC 呈现出向上增长的趋势。热流密度进一步增大到 53kW/m²后，如图 3.8 所示，径向温度梯度增加，壁温远高于拟临界温度，径向的物性变化更剧烈，但是流动方向对壁温分布的影响依然较小。总的来说，$Bo<10^{-5}$时，浮升力对内螺纹管 IRT_L 中超临界 CO_2 对流换热的影响很

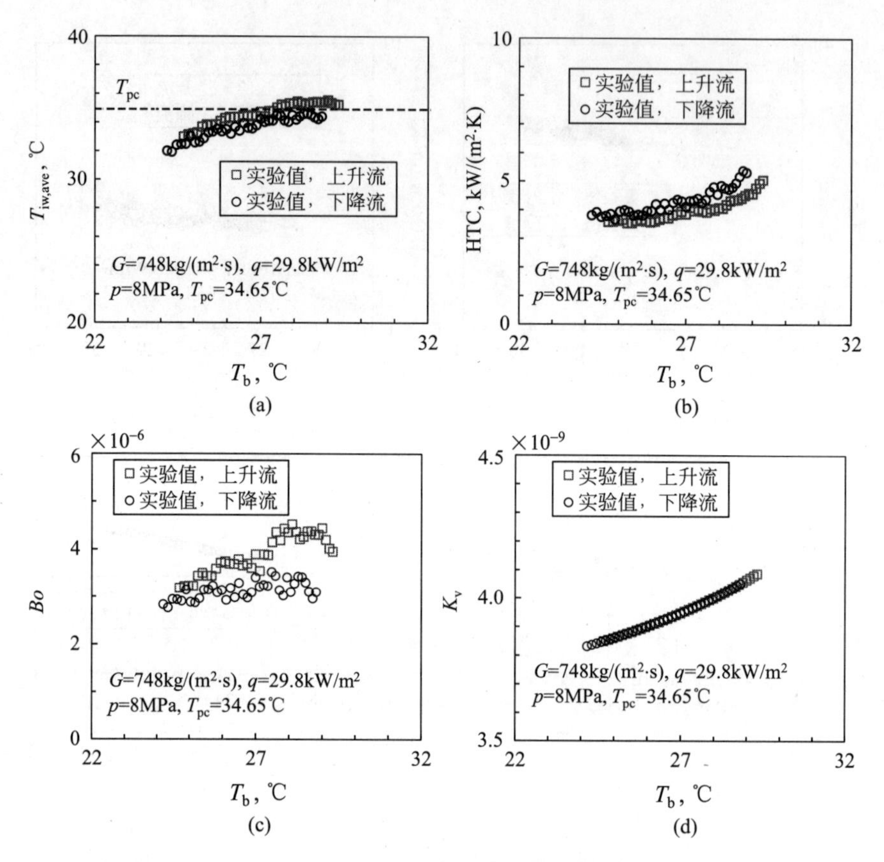

图 3.7　内螺纹管上升、下降流动实验结果比较(Bo～5×10^{-6})

(a) 壁温；(b) 换热系数；(c) Bo 数；(d) K_v数

小，可以忽略不计。这与光管内的结论一致。

3.2.2　$10^{-5}<Bo<10^{-4}$

Bo 在(10^{-5}, 10^{-4})范围内的实验结果见图 3.9～图 3.11。图中保持 p=8MPa、$q\approx$50kW/m²，G 从 572kg/(m²·s)依次降低到 433kg/(m²·s)、352kg/(m²·s)。随着 G 的降低，Bo 数逐渐增加，但上升流动中壁温变化一直较为平缓，始终没有出现局部壁温突起的现象；上升、下降流动的壁温分布也始终差别不大，不同流向时换热系数的相对偏差小于 20%。相同 Bo 区间内，光管中浮升力的剧烈作用会导致上升流动时超临界流体的对流换热出现严重的局部恶化，如图 3.10(e)、图 3.11(e)所示。与光管相比，

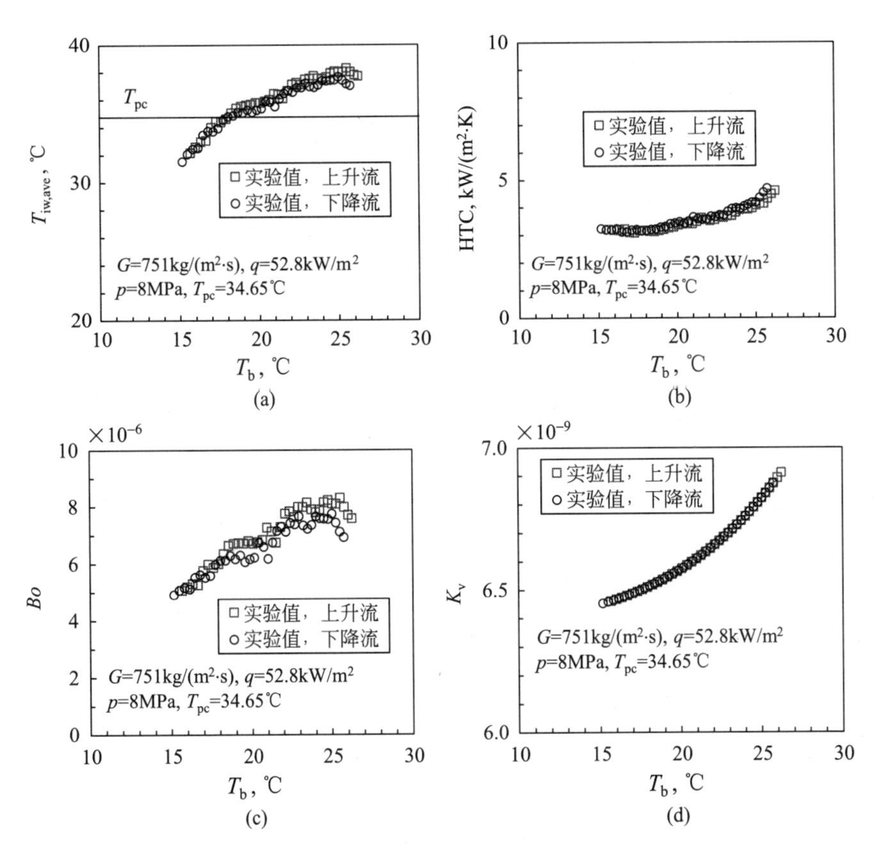

图 3.8　内螺纹管上升、下降流动实验结果比较（Bo～8×10^{-6}）

(a) 壁温；(b) 换热系数；(c) Bo 数；(d) K_v 数

IRT_L 在更恶劣的操作条件下(压力更接近临界压力，q/G 更大)仍然没有出现明显的壁温飞升，螺旋内肋大大削弱了浮升力对换热的影响，在此 Bo 数范围内流向对 IRT_L 换热特性的影响不大。因此，有必要进一步研究螺旋内肋的存在是否使换热发生明显削弱时的临界 Bo 数增大，即在 $Bo>10^{-4}$ 时内螺纹管中是否会发生传热恶化。

3.2.3　$Bo>10^{-4}$

图 3.12 为很高的 q/G 下($q/G\approx0.17$kJ/kg)的实验结果。此时上升、下降流动中入口附近的壁温都较高，在一定的轴向距离后壁温开始降低，当流体温度接近 T_{pc}后壁温又急剧升高。不同流向壁温分布的区别在于下降流动中壁温的降低发生在距离入口更近的位置，$T_b=25\sim30$℃时下降流动

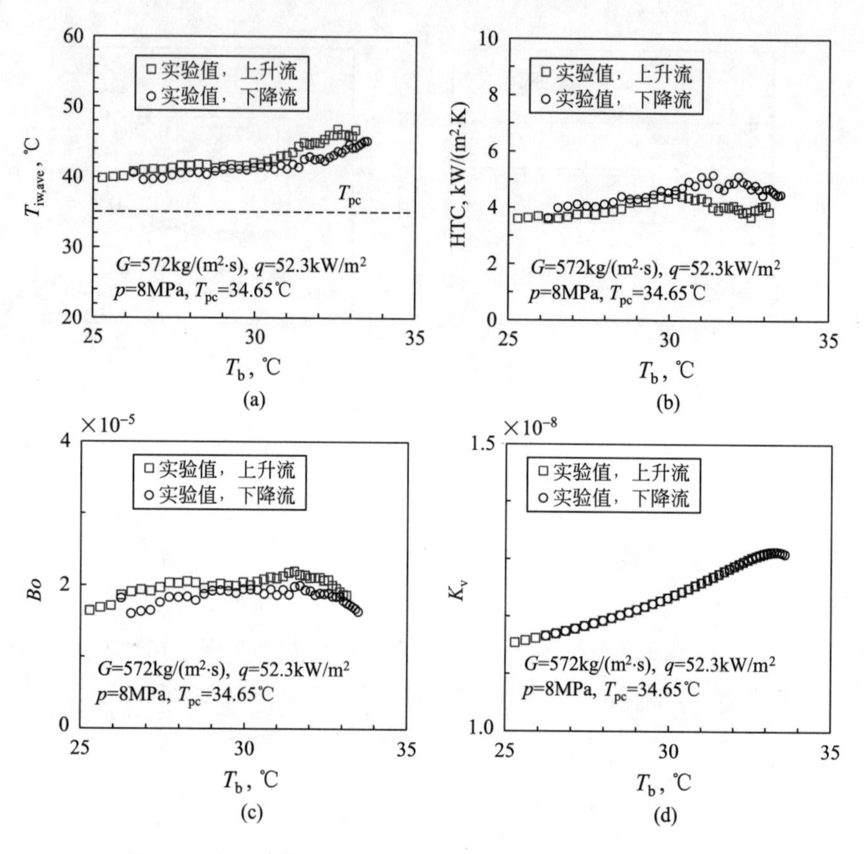

图 3.9　内螺纹管上升、下降流动实验结果比较($Bo\sim2\times10^{-5}$)

(a) 壁温；(b) 换热系数；(c) Bo 数；(d) K_v数

的 HTC 比上升流动高 20%～25%。此时上升流动中 $Bo\approx3\times10^{-4}$，与 $Bo<10^{-4}$时相比，浮升力对内螺纹管中超临界流体对流换热的影响开始变得明显。进一步增加 q/G 到 0.3kJ/kg 后，如图 3.13 所示，下降流动中壁温提前降低的现象更明显，两种流动下壁温的最大差值增大，HTC 的最大相对偏差也增大到 35%左右。此工况下 Bo 数达到了 8×10^{-4}左右，浮升力在换热中的作用比图 3.12 中更大。以上结果表明当 $Bo>10^{-4}$时，浮升力对换热的作用开始体现，且随着 Bo 的增加而增大。浮升力更易于促进下降流动中超临界流体的换热，下降内螺纹管的传热性能优于上升管。另外需要指出的是，入口段附近的局部壁温突起并不是由于浮升力削弱了换热，而是由于浮升力对该局部区域内换热的强化作用弱于对下游区域的强化作用。这一点将在下一小节中做详细解释。

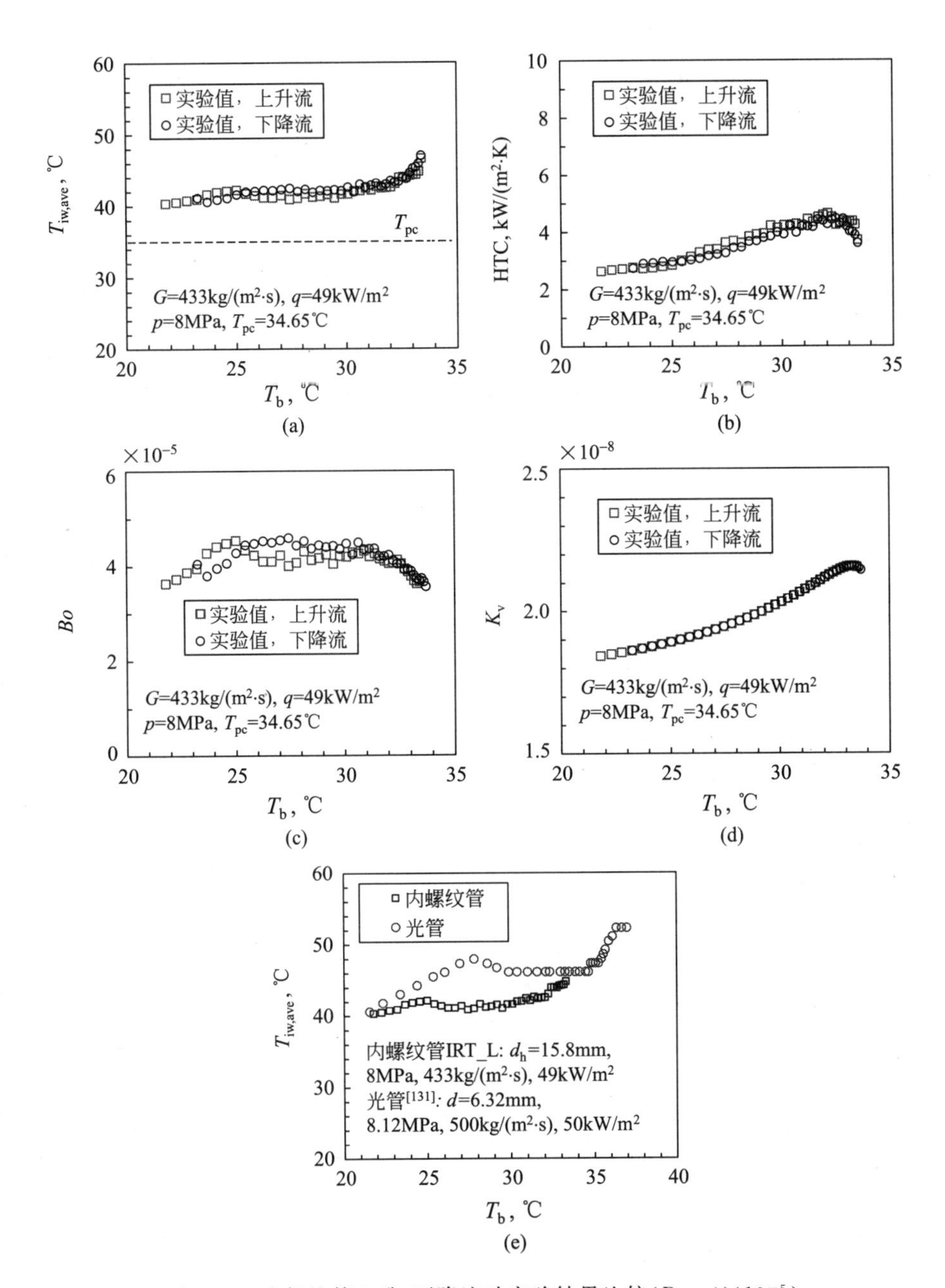

图 3.10 内螺纹管上升、下降流动实验结果比较($Bo\sim4\times10^{-5}$)

(a) 壁温；(b) 换热系数；(c) Bo 数；(d) K_v数；(e) 内螺纹管和光管[130]的上升流动壁温比较

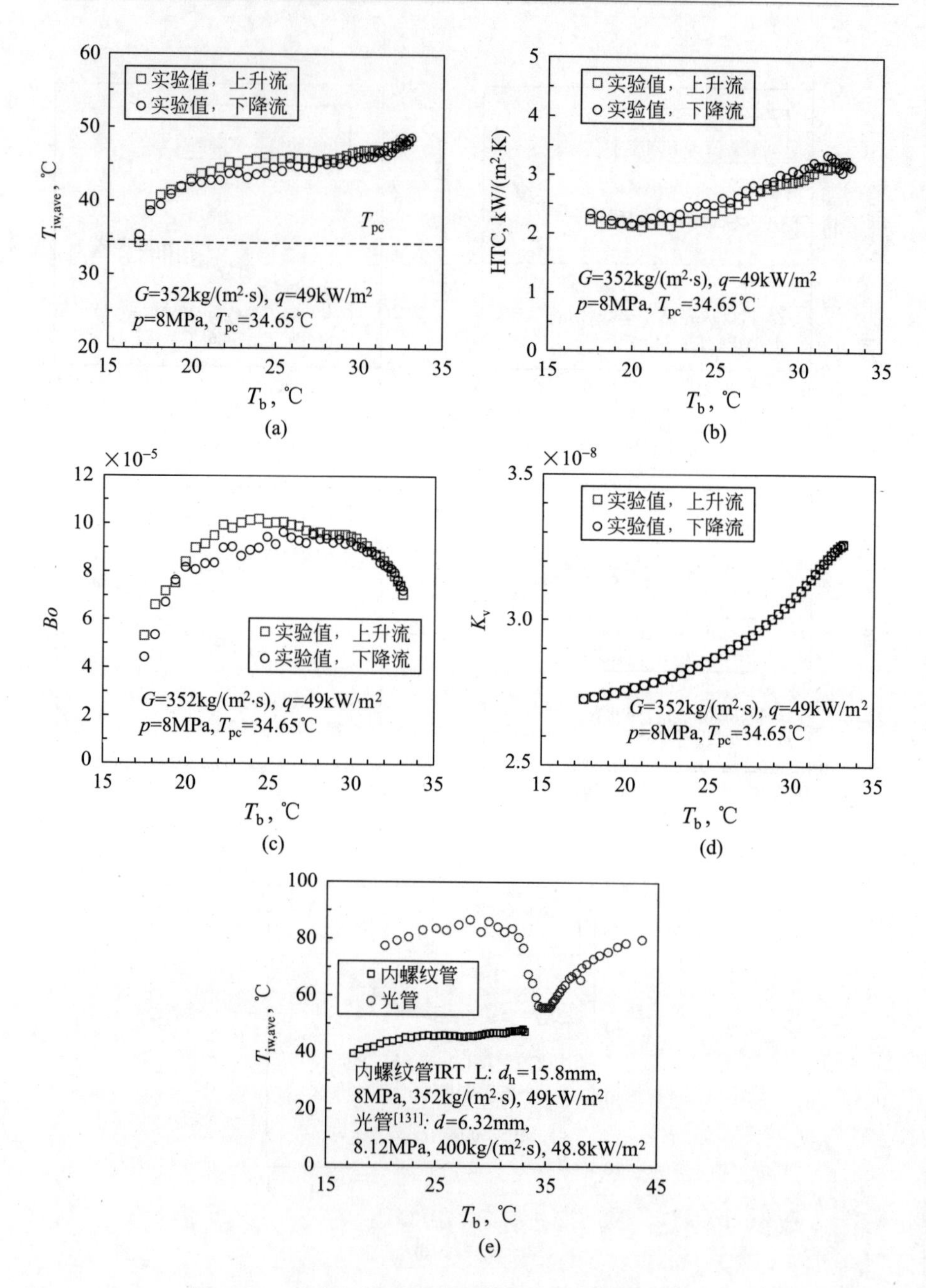

图 3.11 上升、下降流动实验结果比较（$Bo\sim9\times10^{-5}$）

(a) 壁温；(b) 换热系数；(c) Bo 数；(d) K_v 数；

(e) 内螺纹管和光管[130]的上升流动壁温比较

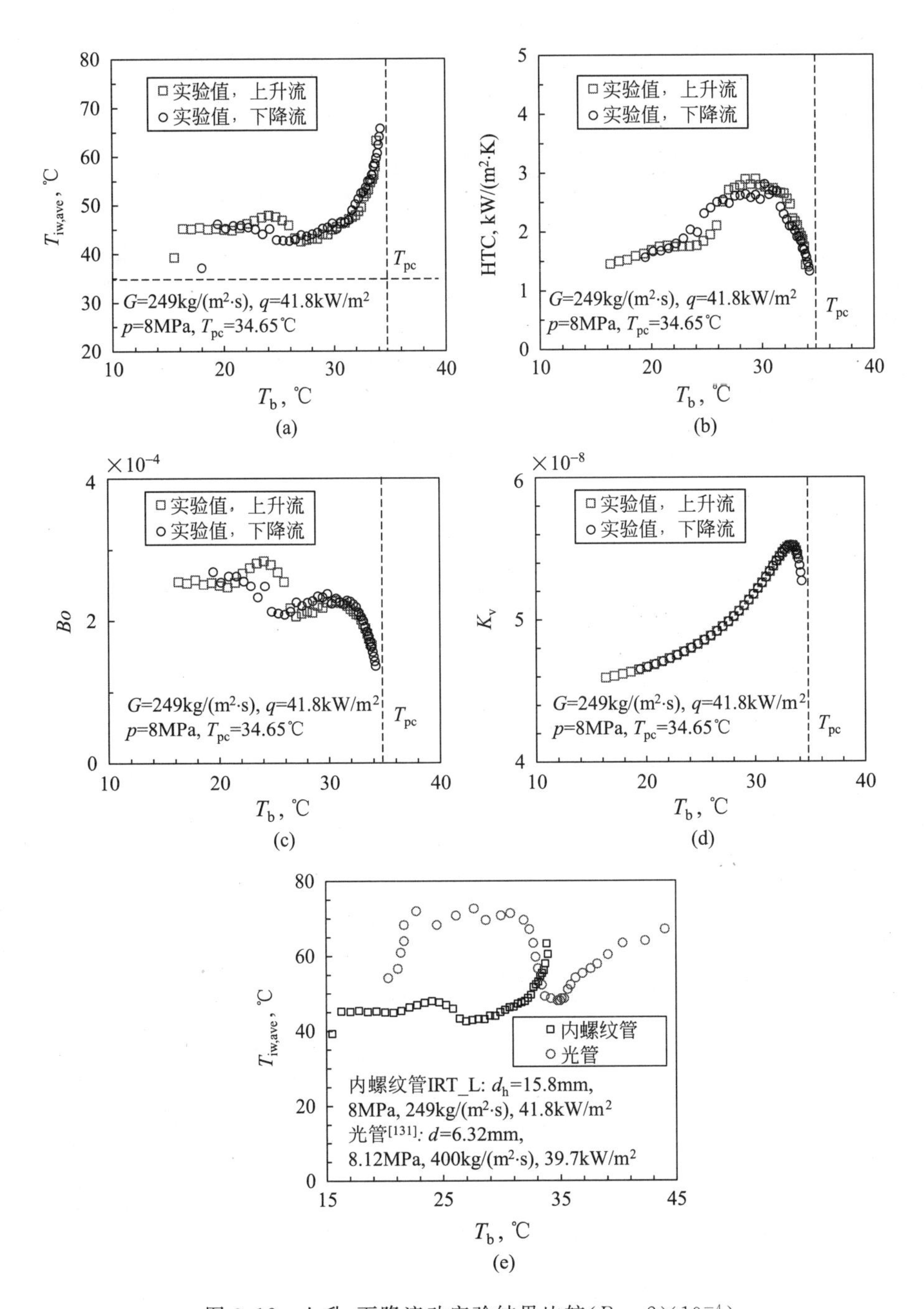

图3.12　上升、下降流动实验结果比较($Bo\sim2\times10^{-4}$)

(a) 壁温；(b) 换热系数；(c) Bo 数；(d) K_v 数；(e) 内螺纹管和光管[130]的上升流动壁温比较

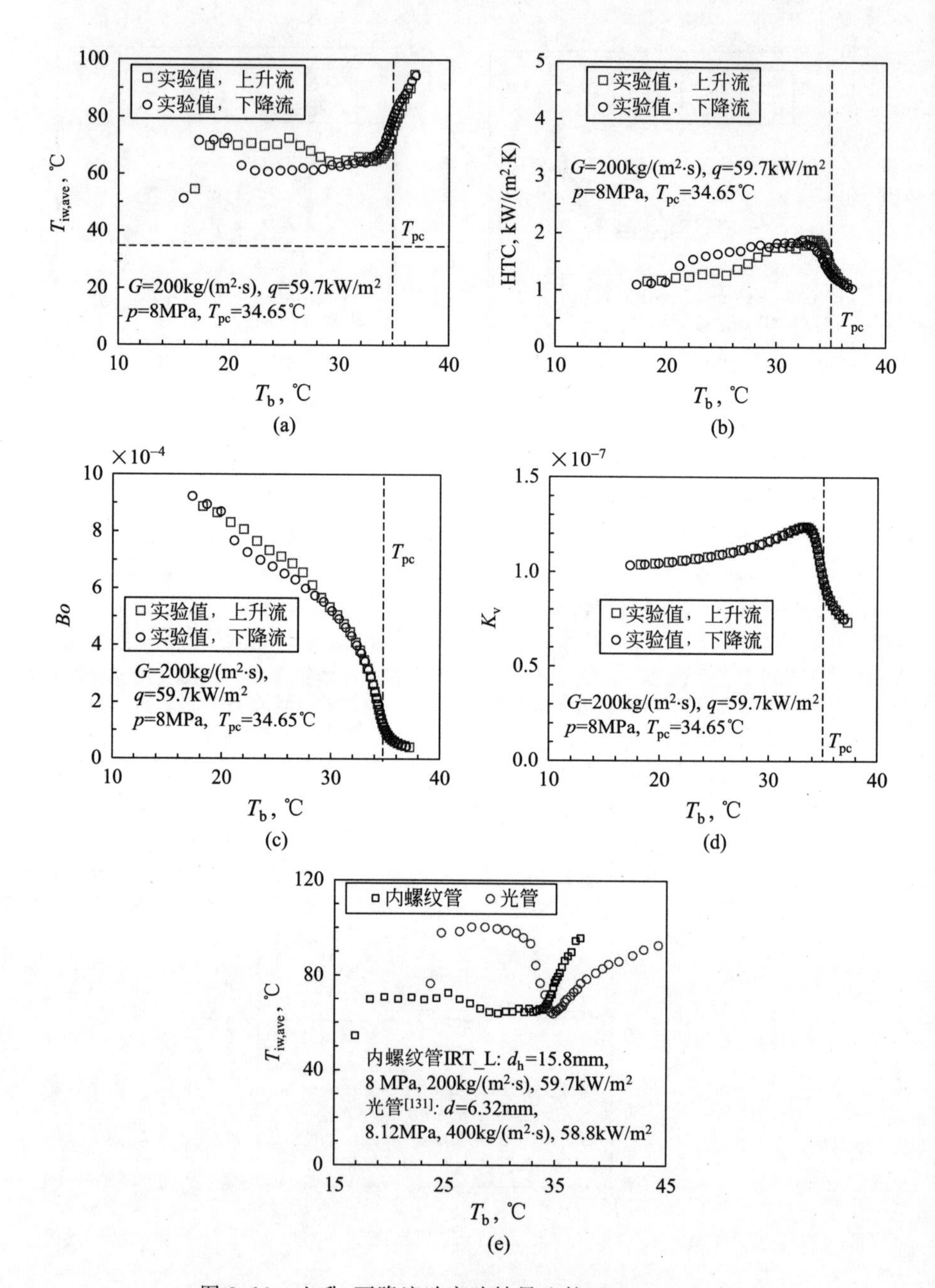

图 3.13 上升、下降流动实验结果比较($Bo\sim8\times10^{-4}$)

(a) 壁温；(b) 换热系数；(c) Bo 数；(d) K_v数；(e) 内螺纹管和光管[130]的上升流动壁温比较

3.2.4 内螺纹管半经验换热关联式

对于存在强物性变化的对流换热，在对实验数据进行拟合整理时需要考虑浮升力和热加速的影响。在本节的实验研究范围内，衡量热加速效应的参数 K_v 始终小于 5×10^{-7}，热加速效应可忽略，只需考虑浮升力影响。下面对实验数据的分析中，采用了混合对流换热中常用的无量纲 Nusselt 数以更清晰地体现浮升力在换热中的作用，如图 3.14 所示，图中纵坐标为实验测量值 Nu_{exp} 除以使用强制对流换热关联式(2-25)计算得到的 Nu_{FC}。$Bo<10^{-5}$ 时，上升、下降流动的无量纲 Nu 数没有明显区别，都较为离散地分布在 1±20%的范围内，与光管内情况相同。在这一 Bo 数区域内，变物性强制对流占主导作用，浮升力引起的自然对流对换热的贡献可以忽略不计，Jackson 关联式(2-25)能较好地预测内螺纹管 IRT_L 的传热特性。

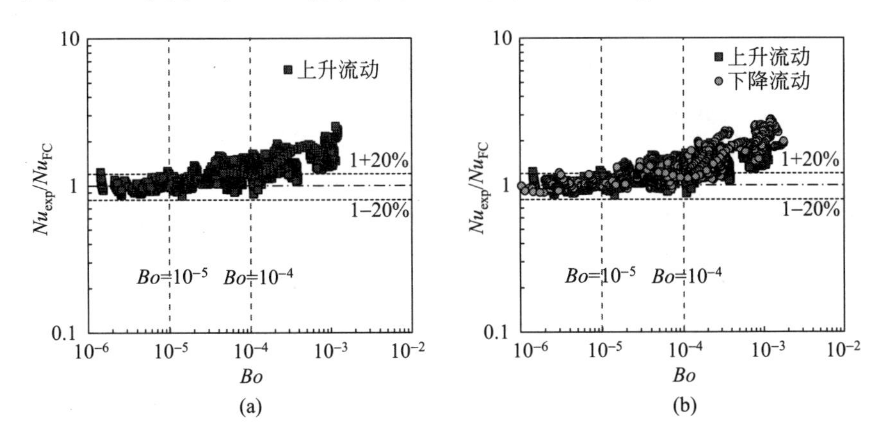

图 3.14 IRT_L 中无量纲 Nusselt 数随 Bo 的变化情况

(a) 上升流动；(b) 下降流动与上升流动的比较

当 $Bo>10^{-5}$ 时，上升、下降流动中无量纲 Nusselt 数都呈现出随 Bo 的增加而升高的趋势。实验数据分布较离散，但从均值来看，下降流动的 Nusselt 数略大于上升流动，即浮升力对下降流动中超临界 CO_2 对流换热的强化作用略强。总的来说，无量纲 Nu 数都大于 0.8，没有出现由浮升力引起的类似图 1.5、图 1.7(a)中的严重的局部传热恶化现象。

对于光管中超临界流体的对流换热，当流体受热下降流动或冷却上升流动时，浮升力对换热起到持续的促进作用，这与本章内螺纹管的实验结果是一致的。因此，选取了光管受热下降流动时的 Fewster[16] 关联式(3-22)以及冷却上升流动时的 Bruch[127]关联式(3-23)来同内螺纹管实验值进行比较：

$$\frac{Nu}{Nu_{\mathrm{FC}}}=(1+2750\cdot Bo^{0.91})^{1/3} \tag{3-22}$$

$$\frac{Nu}{Nu_{\mathrm{FC}}}=(1.542+3243\cdot Bo^{0.91})^{1/3} \tag{3-23}$$

式中 Nu_{FC}使用强制对流换热关联式(2-25)进行计算。根据图 3.15 和图 3.16 中给出的实验值和关联式计算值的对比，对于 IRT_L 中上升流动的超临界对流换热，推荐使用 Fewster 关联式(3-22)来进行预测；下降流动中换热的预测则推荐使用 Bruch 关联式(3-23)。

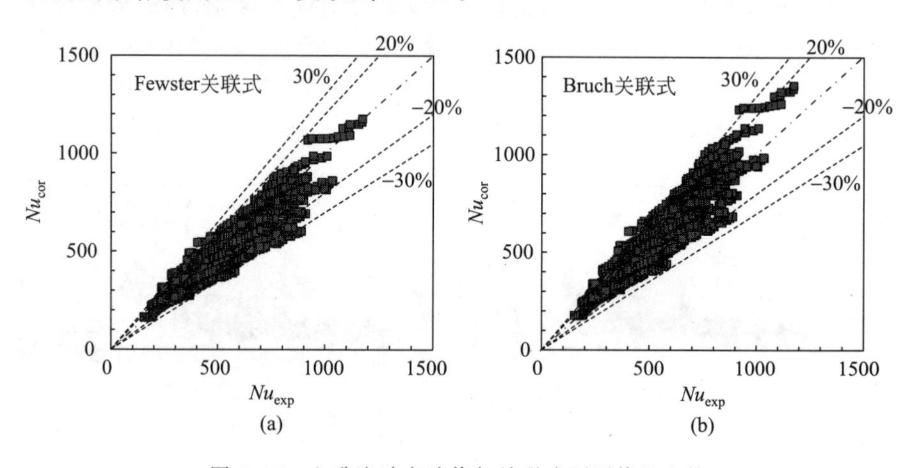

图 3.15　上升流动实验值与关联式预测值的比较

(a) 实验值与 Fewster 式(3-22)预测值的比较；(b) 实验值与 Bruch 式(3-23)预测值的比较

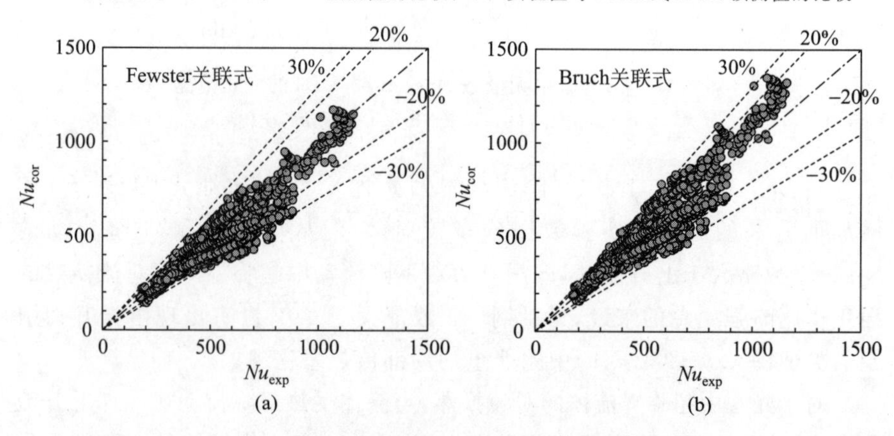

图 3.16　下降流动实验值与关联式预测值的比较

(a) 实验值与 Fewster 式(3-22)预测值的比较；(b) 实验值与 Bruch 式(3-23)预测值的比较

3.3 内螺纹管中超临界流体对流换热的数值模拟

本节对具有不同肋结构的内螺纹管中超临界水和二氧化碳的对流换热进行数值研究，以分析实验结果的工质外推性以及螺旋肋结构对换热的影响，并进一步讨论了浮升力对不同结构内螺纹管传热特性的影响规律。

3.3.1 数值和物理模型

三维模型中求解的连续性方程、动量方程、能量方程以及湍流模型都与 2.2.1 节中一致。计算物理模型如图 3.17 所示。内螺纹管垂直布置，壁厚为 δ，管壁材料为 SA-213T12，其热导率随温度按照表 2.6 给定的规律变化。计算加热流动前，首先计算相同操作条件下的绝热流动，然后将出口的

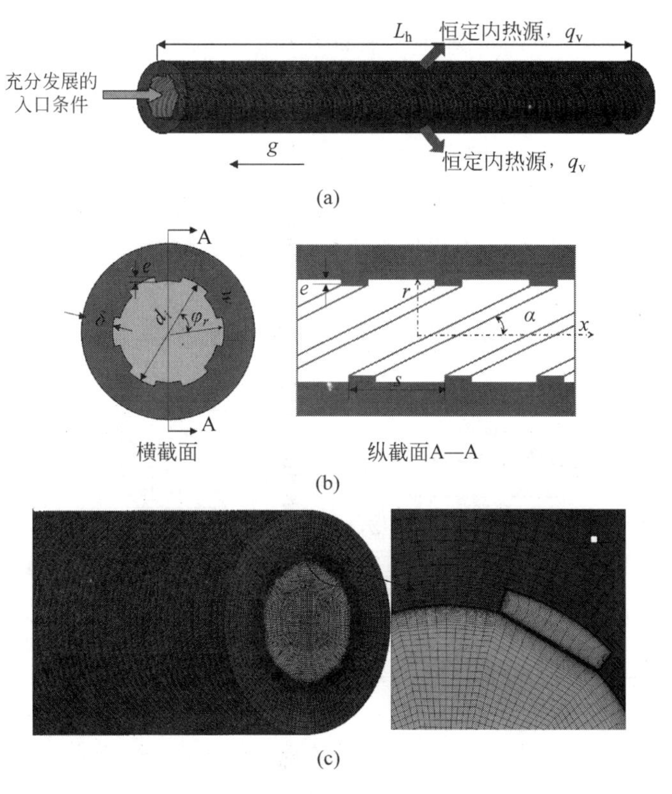

图 3.17　内螺纹管计算模型及网格

(a) 模拟对象；(b) 几何尺寸；(c) 网格划分

充分发展湍流作为加热流动的入口条件。加热段是有恒定内热源的固体壁(研究中发现恒定内热源和外壁面恒定热流密度两种热边界条件下计算结果的差别很小,与2.2.2节中类似),加热长度为L_h,对固体壁面内的导热和流体域的对流换热进行耦合求解。

使用ICEM生成三维贴体六面体结构化的计算网格,如图3.17(c)所示。为了精确地计算层流底层中的流动,流体域中近壁面(包括肋底、肋顶和肋侧处)处使用O-Block模块来划分网格,网格生成中需确保第一个网格的无量纲壁面距离y^+小于0.3,同时还需保证至少有31个节点布置在O-Block的内边(inner edge)上。离开边界层后,网格大小沿径向按1.1~1.2倍的比例增加,直到网格大小达到$d/70$后保持不变。固体域中从外壁面到内壁面,网格的大小逐渐降低以保证内壁面处固体和流体的网格有一个较为光滑的过渡。压力速度求解算法、离散差分格式、收敛判据均与2.2.1节中一致。CO_2和水的物性根据NIST REFPROP V8.0[6]和IAPWS-IF97[120]写入UDF并嵌入到计算模型中,物性计算值的最大偏差小于2%。

3.3.2 超临界CO_2

首先对本文实验研究的内螺纹管IRT_L中超临界CO_2的流动和换热进行模拟。以下对计算结果的讨论与3.2类似,按照Bo数的大小分成三个区间来讨论。图3.18中比较了$Bo<10^{-5}$时典型工况下的模型计算值和实验值,垂直上升、下降两种流向下,计算壁温与实验值的偏差都小于1.5℃,HTC计算值与实验值的相对偏差均小于20%。值得注意的是,与

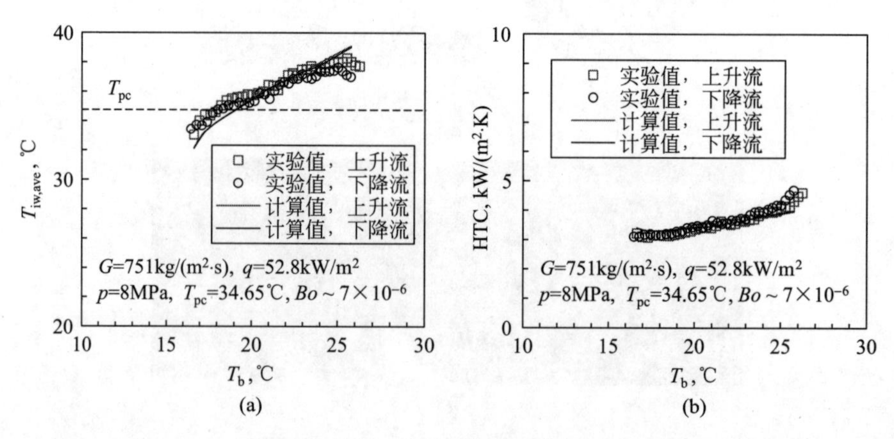

图3.18 超临界CO_2对流换热计算结果与实验结果的比较($Bo=(4\sim8)\times10^{-6}$)

(a) 壁温;(b) 换热系数

实验值相比，模型预测得到的上升、下降流动的壁温轴向分布完全一致。考虑到实验测量中存在的误差，模型计算结果进一步表明 $Bo<10^{-5}$ 时 IRT_L 中浮升力的影响可以忽略不计。

增大 q/G、$10^{-5}<Bo<10^{-4}$ 后，如图 3.19 所示，计算值中浮升力对换热的影响很小，与实验结果一致。模型计算得到的壁温沿程平稳升高，尽管在管后半段与实验值有一定的偏差，但偏差小于 3℃，HTC 计算值与实验值相对偏差仍在±20%以内。图 3.20 中当 q/G 进一步增大、$Bo>10^{-4}$ 时，模型预测值在入口段附近出现了局部壁温峰值，与实验值一致，但峰值大小比

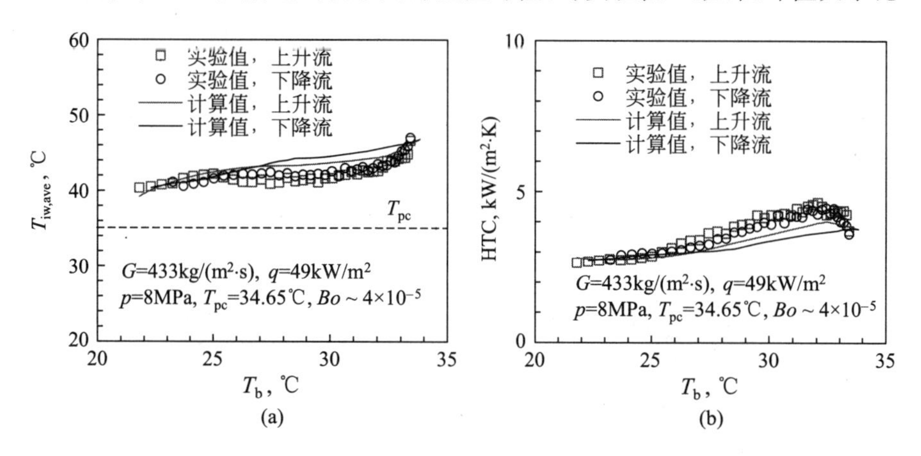

图 3.19　超临界 CO_2 对流换热计算结果与实验结果的比较($Bo=(3\sim5)\times10^{-5}$)

(a) 壁温；(b) 换热系数

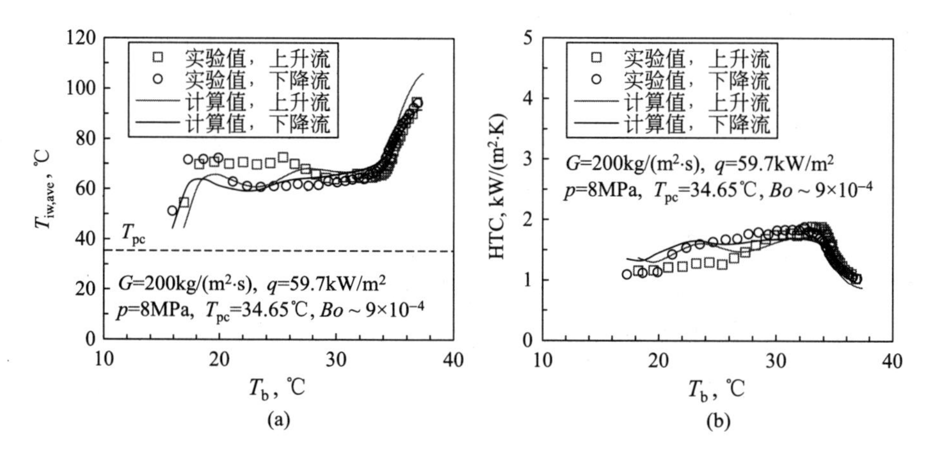

图 3.20　超临界 CO_2 对流换热计算结果与实验结果的比较($Bo=(1\sim10)\times10^{-4}$)

(a) 壁温；(b) 换热系数

实验值低约 8℃,且在较低的 T_b 下壁温开始降低。计算上升流中除入口处的壁温峰值外,下游还出现了一个跨度较广的局部壁温升高区域,而计算下降流中仅在入口处存在局部壁温峰值。因此当 $Bo>10^{-4}$ 时模型能够预测出 IRT_L 中浮升力对换热的影响,此时下降流动的换热性能略优于上升流动。尽管图 3.20(b)中计算得到的上升、下降流动的 HTC 差值小于测量值,但同一流向下计算值与测量值的相对偏差仍在±25%以内,模型的预测准确性是可以接受的。

将多个混合对流计算工况的 Nusselt 数以无量纲的形式表示出来并与实验值进行比较,如图 3.21 所示,图中 Nu_{FC} 使用强制对流换热关联式(2-25)计算得到。上升、下降流动中,模型计算值都分布在实验点的范围内,本章采用的数值模型能较好地预测 IRT_L 中超临界 CO_2 的对流换热。

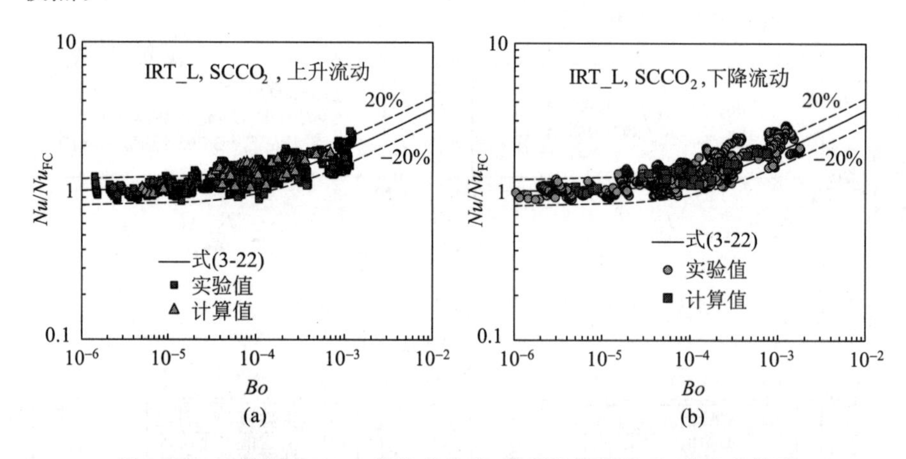

图 3.21 无量纲 Nusselt 数的实验值、模型计算值随 Bo 的变化情况

(a) 上升流动; (b) 下降流动

3.3.3 超临界水

上一小节的计算结果表明,对于实验所用的内螺纹管和工质为超临界 CO_2 的情况,模型具有较好的准确度。为了进一步验证模型对管结构和工质的适应性,对表 3.2 中两种不同肋结构的内螺纹管中多种工况下超临界水的对流换热进行了模拟。为便于表述,下文中将这两种内螺纹管分别记为 IRT_A 和 IRT_YP。

表 3.2　用于验证模型的内螺纹管中超临界水实验

研究者	编号	d_i,mm	δ,mm	s,mm	N_s,-	e,mm	w,mm	α,°	L_h,m
Ackerman[15]	IRT_A	18	5	21.8	6	0.9	4	24	1.83
Yang et al.[57]	IRT_YP	21	6	22.7	4	0.85	5.3	36	2

超临界水实验值与模型计算值的对比如图 3.22 所示，模型预测值与实验值符合地较好，本文采用的数值计算模型能较好地反映内肋尺寸、压力、热流密度等因素对内螺纹管中超临界流体对流换热的影响，具有较好的工质适应性（超临界 CO_2 和超临界水）和结构适应性。

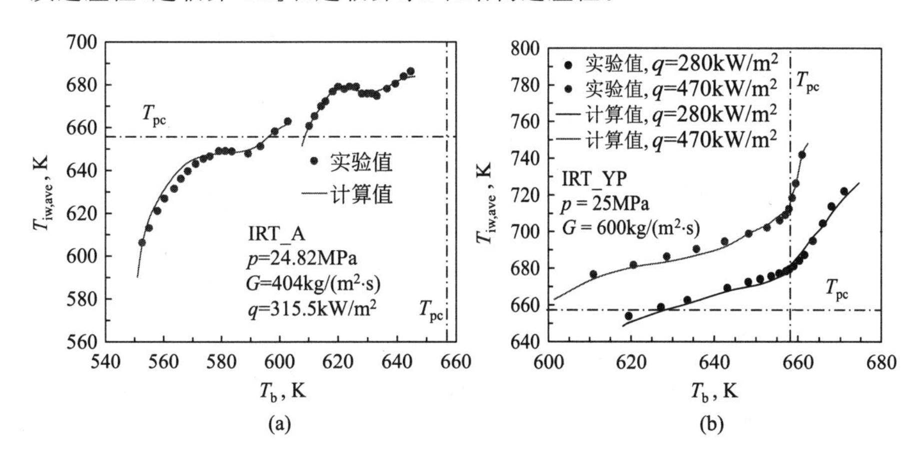

图 3.22　IRT_A、IRT_YP 中超临界水实验值与模型计算值的比较

(a) 内螺纹管 IRT_A；(b) 内螺纹管 IRT_YP

对本章实验研究的内螺纹管 IRT_L 中超临界水的对流换热进行了数值研究，结果如图 3.23 所示。图 3.23(a)中当 $Bo<10^{-5}$ 时，上升、下降流动的壁温和 HTC 分布基本重合，浮升力对换热的影响可忽略；当 $10^{-5}<Bo<10^{-4}$ 时（图 3.23(b)），上升、下降流动中管后半段的壁温分布出现一些差异，但 HTC 的相对偏差仍然较小，小于 10%，这与图 3.19 中相同 Bo 数范围内 IRT_L 中超临界 CO_2 的实验和数值计算结果一致；当 $Bo>10^{-4}$ 时，如图 3.23(c)所示，工质为超临界水时壁温的分布也在入口处出现了峰值，峰值下游壁温恢复后，上升流动的壁温始终略高于下降流动，与图 3.20 中超临界 CO_2 的结果一致。图 3.23(d)中尽管 Bo 数已经高达 9×10^{-4}，但上升、下降流动的 HTC 相对偏差仍小于 25%，浮升力对超临界水对流换热的影响依然有限。超临界 CO_2 和超临界水的研究结果都表明，IRT_L 中浮升力

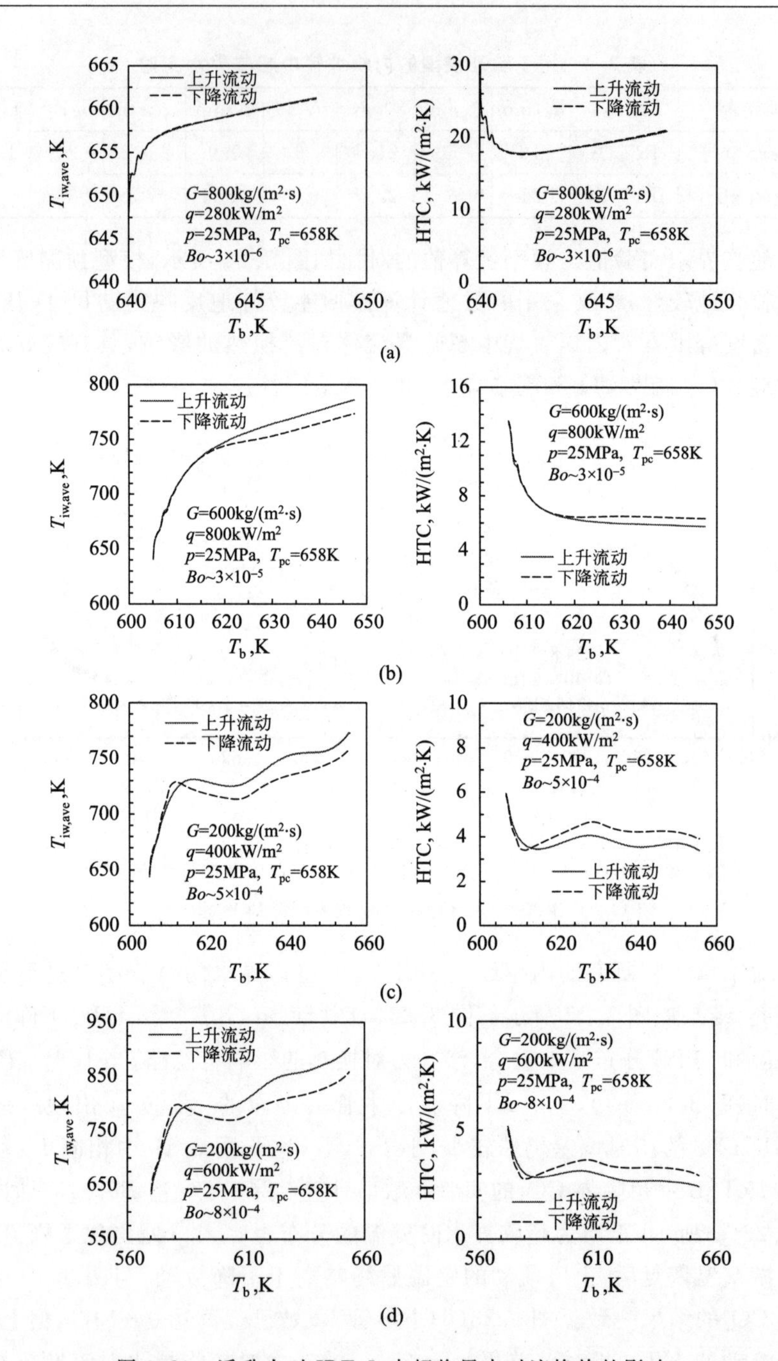

图 3.23　浮升力对 IRT_L 中超临界水对流换热的影响

(a) $Bo=(1\sim3)\times10^{-6}$；(b) $Bo=(1\sim3)\times10^{-5}$；(c) $Bo=(1\sim6)\times10^{-4}$；(d) $Bo=(2\sim9)\times10^{-4}$

对换热的影响较小，下降管的换热特性略优于上升管。

同样，以无量纲 Nusselt 形式将 IRT_L 中超临界水的计算结果与超临界 CO_2 的实验结果进行比较，如图 3.24 所示，可见无论是上升流动还是下降流动，超临界水的计算结果都在超临界 CO_2 实验结果的分布范围内，两种超临界流体在 IRT_L 中的换热情况相似，基于超临界 CO_2 实验结果推荐的换热关联式(3-22)和式(3-23)可以用于超临界水对流换热的预测。

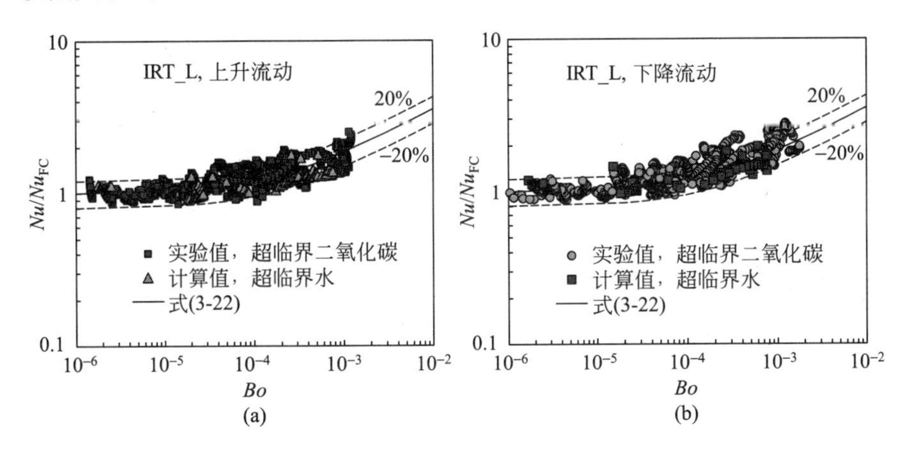

图 3.24　IRT_L 中超临界水和超临界二氧化碳混合对流换热的比较

(a) 上升流动；(b) 下降流动

IRT_A 中超临界水对流换热的情况则与 IRT_L 中有所不同，如图 3.25 所示。图 3.25(a)，(b)中当 $Bo<10^{-5}$ 时，与 IRT_L 类似，IRT_A 中上升、下降流动的壁温和 HTC 分布基本重合，浮升力对换热的影响很微弱。图 3.25(c)，(d)中当 Bo 增加到 2×10^{-5} 附近时，浮升力对换热的作用变得比较明显，下降流动的 HTC 比上升流动的 HTC 最多高 30%左右，然而对于 IRT_L，图 3.23(b)中相同 Bo 数范围内不同流向的 HTC 偏差最高只有 10%左右，即使图 3.23(d)中 Bo 高达 8×10^{-4} 时 HTC 的最大相对偏差也只有 25%。这种差别是由两个内螺纹管肋结构的不同引起的，内螺纹管的传热特性和浮升力对换热的影响与肋尺寸有直接关系。下一小节将对肋结构的影响进行详细讨论。

3.3.4　肋结构对换热的影响研究

3.3.3 节中的研究表明，肋结构不同时，内螺纹管的换热特性区别明显。已有研究中学者们也已经对不同肋结构的内螺纹管中超临界流体的对

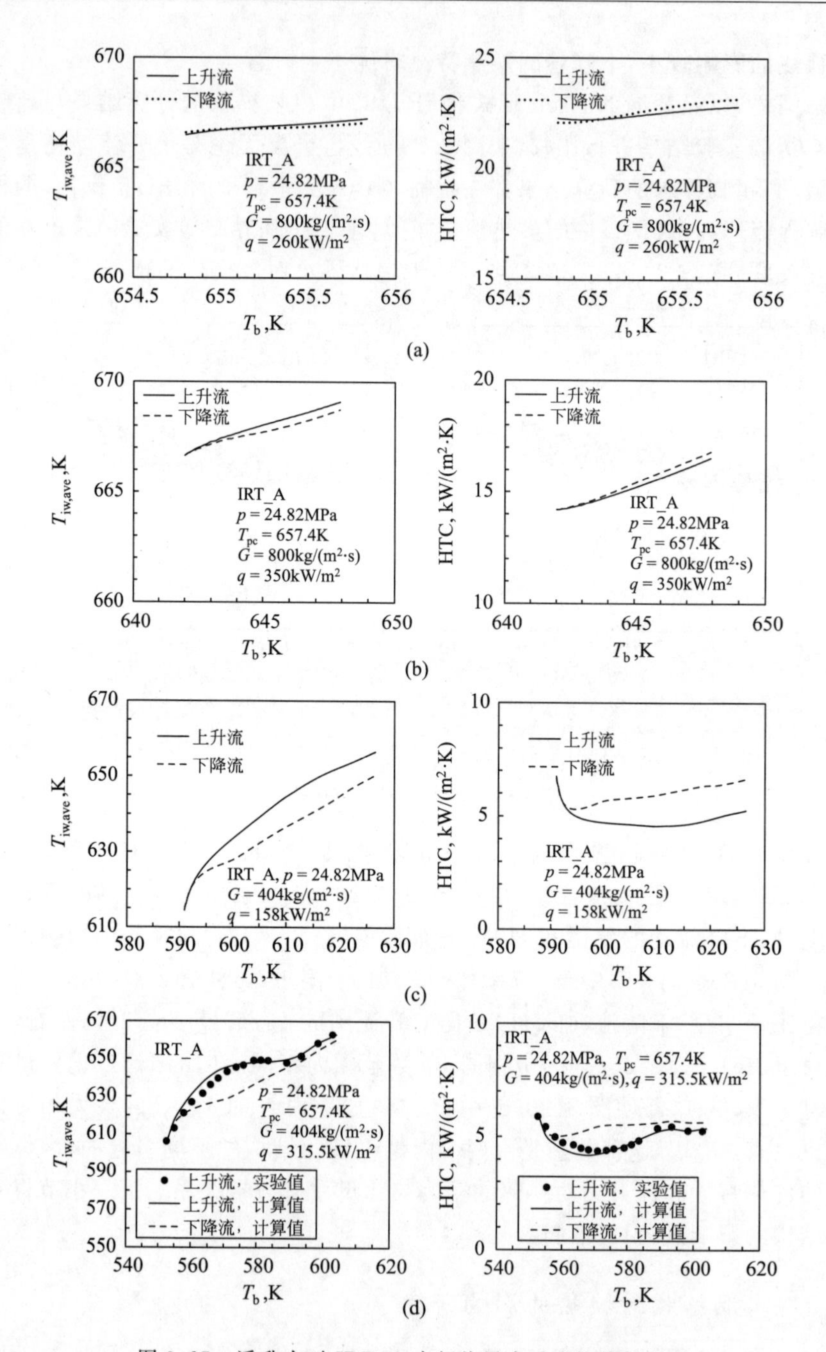

图 3.25　浮升力对 IRT_A 中超临界水对流换热的影响

(a) $Bo=(2\sim3)\times10^{-6}$；(b) $Bo=(3\sim5)\times10^{-6}$；(c) $Bo=(1\sim1.5)\times10^{-5}$；(d) $Bo=(2\sim3)\times10^{-5}$

流换热进行了大量研究，如表 1.2 所示，但单个研究中通常只涉及一两种内螺纹管，而且这些内螺纹管的螺纹头数 N、节距 s、肋高 e、肋宽 w、螺旋角 α 等结构参数都互不相同，通过比较他们的研究结论很难了解单一肋结构对换热的影响。少量学者报道了肋结构对超临界对流换热的影响。Kolher 和 Kastner[141] 指出增大 α、减小 s 或 d_h 能改善换热；Zhang 等人[142] 提出了如下的无量纲几何参数来表征肋结构对换热的影响：

$$\beta=\frac{N\cdot e}{d_{\mathrm{i}}\cdot\tan(90^\circ-\alpha)} \tag{3-24}$$

他们认为 β 越大，内螺纹管的换热性能越优越；Zhao 等人[102] 对 $d_{\mathrm{h}}\approx 10\mathrm{mm}$ 的内螺纹管进行了数值研究，他们发现随着 e 或 α 的增加，换热系数和流动阻力都增加，肋宽 w 的影响则非常微弱。遗憾的是他们的工作中并没有提及流体压力、温度等信息，因此所得结论在物性变化剧烈的拟临界区是否成立还有待考察。

总的来说，上述结论与亚临界常物性流体单相流动中粗糙管传热强化的普遍规律是一致的[143-149]，即内螺纹管的传热性能和流阻随着 $\alpha/90^\circ$、e/d_{i} 的增加或 s/d_{i} 的减小而增加，流体物性是否发生剧烈变化对肋结构在换热中的作用似乎没有影响。然而 Ankudinov 等人[56] 对插有螺旋线的光管中超临界 CO_2 对流换热的研究结果并不支持这一结论。他们在较宽的螺旋线结构范围内（$d_{\mathrm{wi}}/d_{\mathrm{i}}=0.025\sim0.075$，其中 d_{wi} 是螺旋线直径，类似于内螺纹管的肋高 e；$s/d_{\mathrm{i}}=0.62\sim5$）研究了几何尺寸对改善传热恶化的作用，综合考虑了换热和流阻后，他们发现节距 s 较大时（$s/d_{\mathrm{i}}=3\sim5$，$s/d_{\mathrm{wi}}=60\sim170$）螺旋线的效率最高，与亚临界单相流动中推荐的最优几何尺寸有较大差别。这表明流体的强物性变化改变了传热强化管中强化装置的作用，因此有必要在不同流动形态下研究内螺纹管肋尺寸对超临界对流换热的影响。

以表 3.2 中的 IRT_YP 为基准内螺纹管，在 IRT_YP 肋结构的基础上分别改变节距 s、肋高 e、螺旋角 α 以及肋横截面形状以研究不同肋尺寸的影响，研究的肋截面形状包括矩形和梯形，如图 3.26 所示。计算中选取的

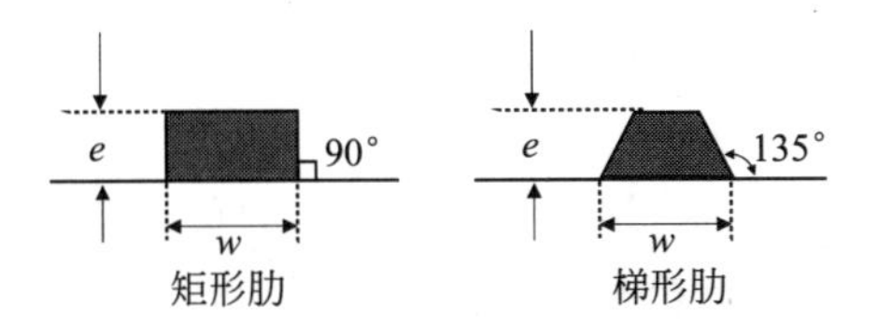

图 3.26　肋横截面示意图

工质为超临界水，选取的典型工况为 $p=25\text{MPa}(T_{pc}=658\text{K})$，入口温度 $T_{in}=640\text{K}$，该入口温度能够保证管内温度沿径向的分布跨越 T_{pc}、流体物性在径向方向剧烈变化。典型的壁温和HTC分布如图3.27所示。在热入口段 L_t 内，壁温迅速增加，HTC迅速降低，随后趋于平缓。根据内壁平均HTC定义热进口段长度 L_t，计算中发现，$L_t\approx(20\sim30)d_h$。以下的讨论中，重点关注不同内螺纹管在热充分发展区的传热特性，对于 $x<L_t$ 的热入口段区域不作讨论。

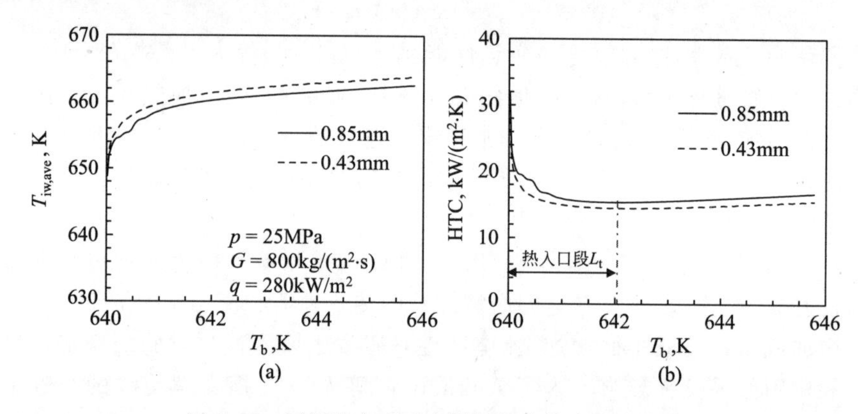

图3.27　不同肋高度时内螺纹管的热入口段效应

(a) 平均内壁温；(b) 换热系数

首先对强制对流换热中肋的作用进行分析，操作条件为 $p=25\text{MPa}$、$G=800\text{kg/(m}^2\cdot\text{s)}$、$q=280\text{kW/m}^2$、$Bo<6\times10^{-6}$。由于强制对流条件下上升、下降流动的换热特性几乎没有差别，因此只对不同内螺纹管上升流动的结果进行讨论。节距 s 对周向平均壁温的影响如图3.28(a)所示，s 从22.7mm增大2倍到45.4mm后，$T_{iw,ave}$ 只是轻微地增加了不到1K，图3.28(c)中HTC也只降低了不到 $1\text{kW/(m}^2\cdot\text{K)}$。肋高 e、螺旋角 α 以及肋形状对周向平均换热的影响也非常小，见图3.29～图3.31，$T_{iw,ave}$ 的变化值在2K以内，HTC的相对变化也小于10%。图3.32表明Jackson光管强制对流换热关联式(2-25)能够很好地预测不同结构内螺纹管中强制对流换热时的HTC，预测偏差在±15%以内。强制对流条件下，螺旋肋对超临界流体(变物性流体)对流换热的影响很小，内螺纹管的换热特性与光管相似，湍流强化装置如螺旋内肋、扭带、螺旋线等对换热的贡献很小。这与亚临界单相常物性流体的对流换热有较大差别。

图3.28～图3.31的分图(b)给出了 $T_b=645\text{K}$ 时不同肋结构对局部

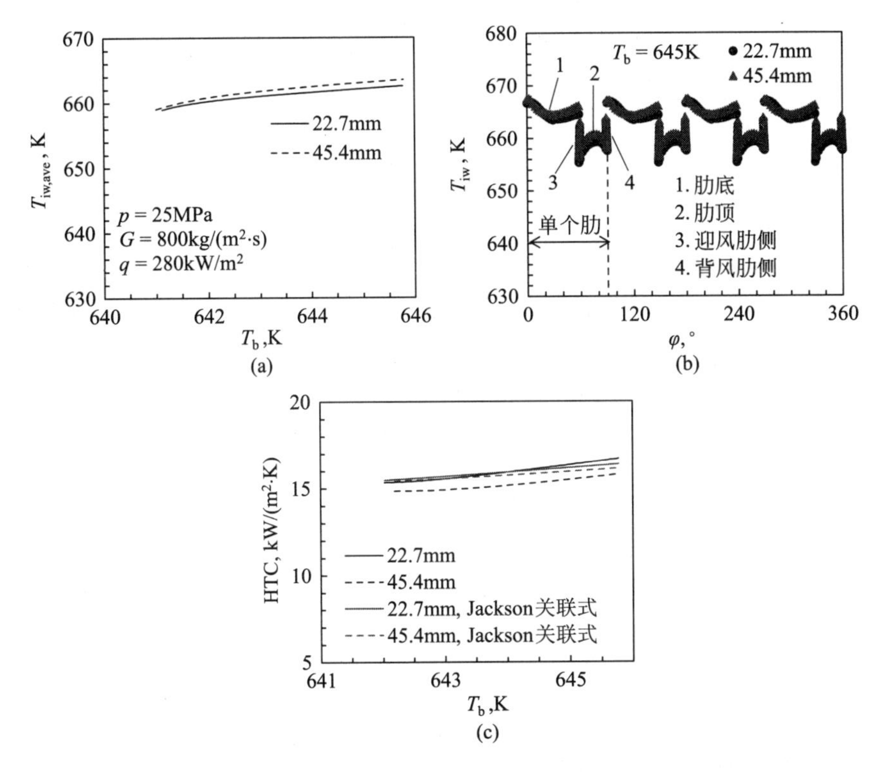

图 3.28 节距 s 对强制对流换热的影响(Bo～3.5×10^{-6})

(a) 内壁均温；(b) 内壁温分布；(c) 换热系数

壁温周向分布的影响情况。考虑到周向的对称性，下面只对 $\varphi=0°$～$90°$的结果进行讨论。以图 3.28(b)为例，肋底(相邻两个肋之间的区域)处的壁温明显高于其他周向位置处，T_{iw}的最大值和最小值分别出现在肋底与背风肋侧的交点以及肋顶与迎风肋侧的交点处，T_{iw}的周向最大偏差约为 12K。当 s 增大时，T_{iw}的周向分布基本保持不变。肋高 e 对局部传热特性的影响则较明显，如图 3.29(b)所示。当 e 增大一倍后，肋顶的 T_{iw}降低了约 3K，而肋底处 T_{iw}基本保持不变。肋形状对局部传热特性的影响与 e 的影响则正好相反。图 3.31(b)中，当肋横截面形状由矩形变成梯形时，肋底处 T_{iw}降低了约 4K，肋顶处 T_{iw}基本保持不变。这可能是由于梯形肋中肋侧和肋底间夹角从 90°增大到 135°后(见图 3.26)，肋底与背风肋侧交点处的流动滞止现象被削弱，相邻肋间的流动得到了增强。总的来说，强制对流条件下肋结构对局部传热特性的影响较小，对周向平均传热特性的影响则更小。

图 3.33～图 3.36 给出了不同内螺纹管中超临界水上升流动混合对流换

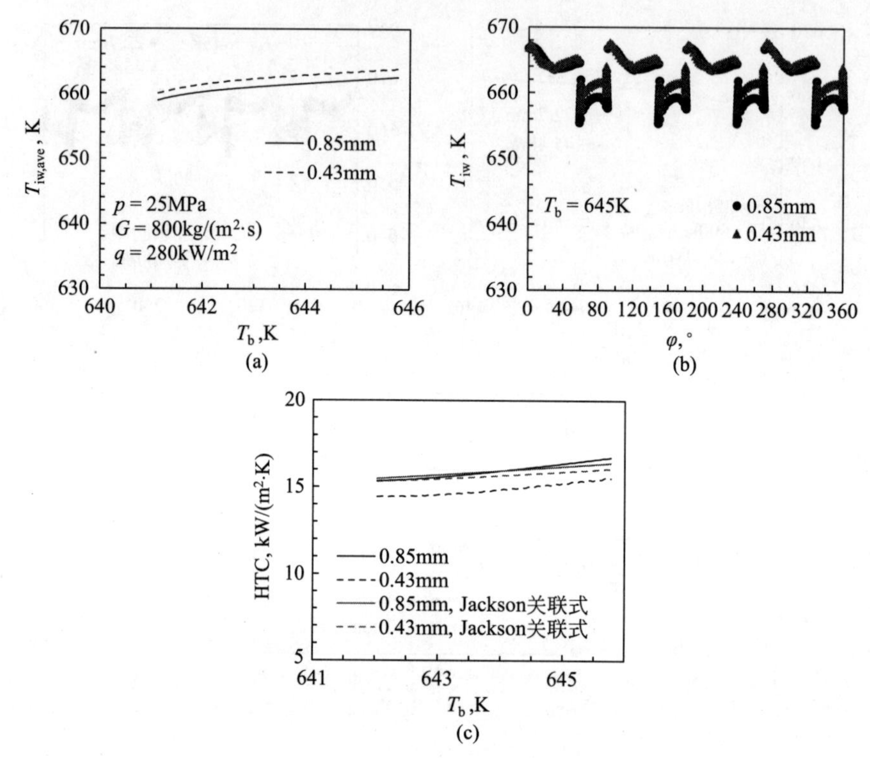

图 3.29 肋高 e 对强制对流换热的影响(Bo～3.5×10^{-6})

(a) 内壁均温；(b) 内壁温分布；(c) 换热系数

热的情况，操作条件是 p=25MPa、T_{pc}=658.1K、G=600kg/(m^2·s)和 q=470kW/m^2，Bo 数在 2×10^{-5}左右。图 3.33(a)中当节距 s 增大到 45.4mm 时，内螺纹管仍然能较好地消除相同操作条件下光管中浮升力引起的局部传热恶化，但与 s=22.7mm 时相比，$T_{iw,ave}$ 明显增加了约 12K。与图 3.28(a)中的强制对流换热工况相比，s 对内螺纹管混合对流换热的影响变得明显。肋高、螺旋角和肋形状对混合对流换热的影响也比强制对流时明显，如图 3.34～图 3.36 所示，不同结构的内螺纹管始终能消除相同条件下光管中的局部壁温升高现象。以上结果表明在混合对流条件下，螺旋内肋能够有效地抑制浮升力对换热的消极作用，对换热的影响变得明显。随着 s 的降低和 α 或 e 的增加，内螺纹对浮升力的抑制增强，内螺纹管的传热特性变好。

混合对流条件下内螺纹管的局部传热特性也与强制对流时不同。如图 3.33～图 3.36 中分图(b)所示，T_b=645K 时 T_{iw}的周向最大偏差达到了

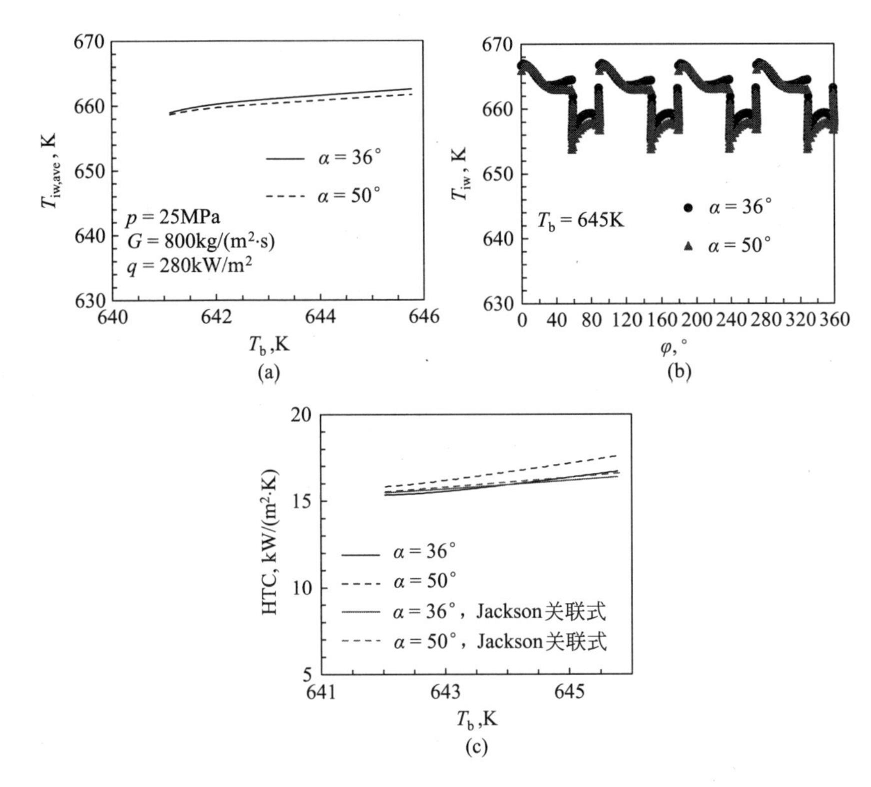

图3.30　螺旋角 α 对强制对流换热的影响($Bo\sim3.0\times10^{-6}$)

(a) 内壁均温；(b) 内壁温分布；(c) 换热系数

30K以上，远大于强制对流时的周向最大偏差(约为10K)。肋结构对局部传热的影响也变得很明显。以肋高 e 的作用为例，强制对流的图3.29(b)中，当 e 增大为2倍后肋底处壁温 T_{iw} 几乎不变，肋顶处 T_{iw} 降低了约3K。肋顶处壁温降低可能是由于当肋高增加后，肋顶附近的流体更靠近管中心，温度更低，而肋底处壁温无明显变化则暗示肋高变化引起的湍流变化对内螺纹管中强制对流换热的影响不明显。然而在混合对流的图3.34(b)中，e 增加时整个周向的局部壁温都发生了明显的降低，说明此时肋高增加带来的额外湍动和流场的变化影响了整个周向的局部对流换热，整个周向上浮升力对换热的削弱都被抑制了，这种抑制作用随着 e 的增加而增强。节距、螺旋角和肋形状对局部换热的影响与节距类似。在混合对流条件下，s 的降低和 α 或 e 的增加都能显著地降低整个周向的局部壁温 T_{iw}。

以上对典型工况的研究表明内螺纹管是否强化换热与管内流体的流动

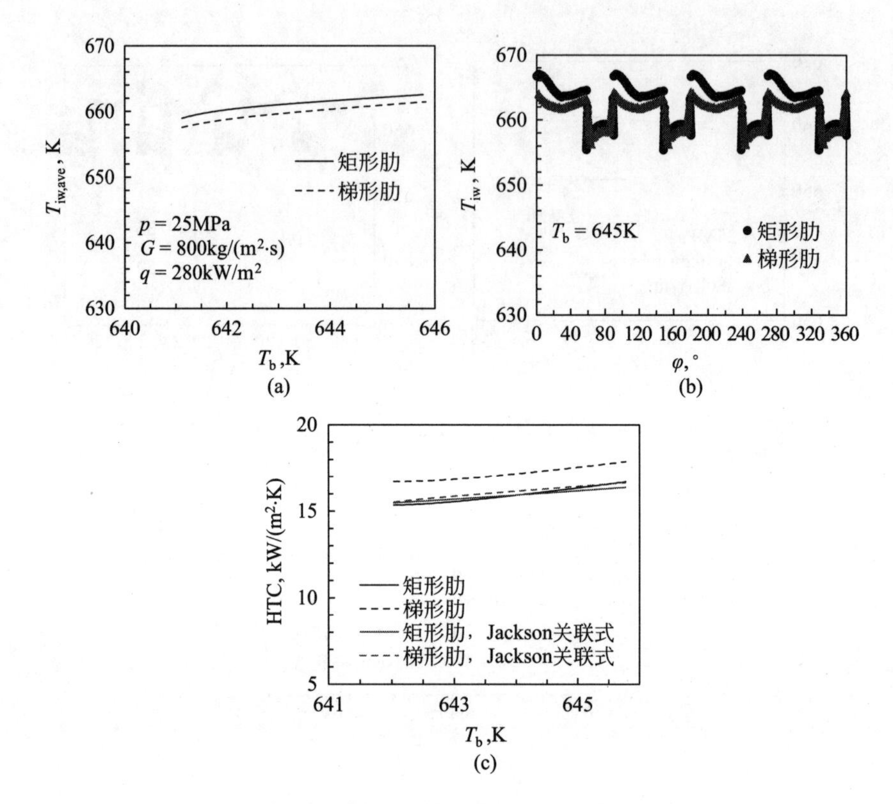

图 3.31　肋形状对强制对流换热的影响($Bo \sim 3.0\times10^{-6}$)

(a) 内壁均温；(b) 内壁温分布；(c) 换热系数

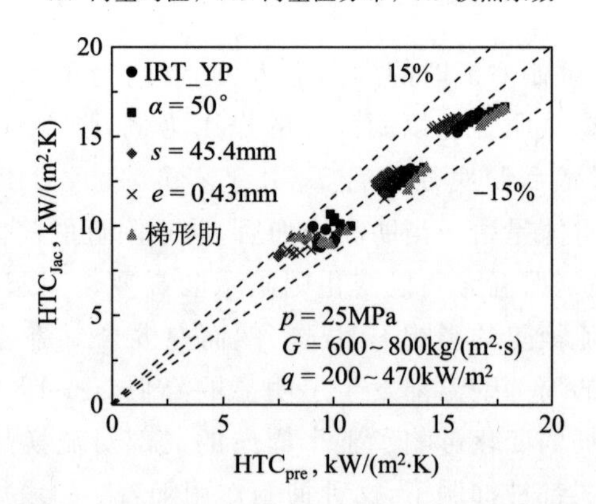

图 3.32　不同内螺纹管中模型计算 HTC 值与 Jackson 关联式(2-25)预测值的比较

形态有直接关系，混合对流时内螺纹才能有效地抑制浮升力、改善换热。下面将多个超临界水混合对流工况的计算结果以无量纲 Nusselt 的形式表示

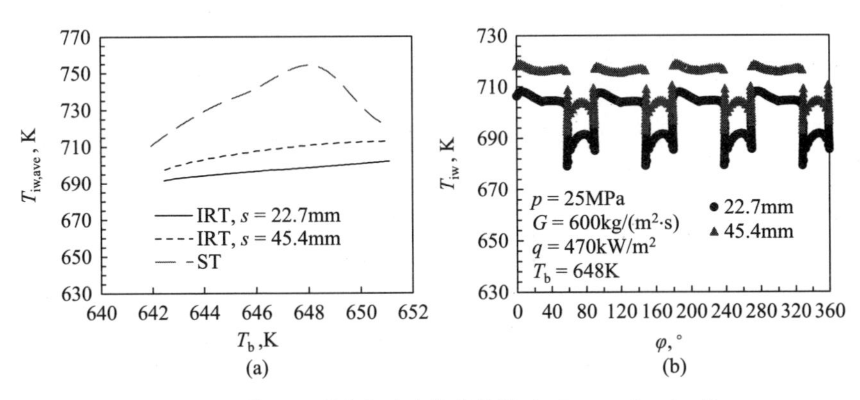

图3.33　节距 s 对混合对流换热的影响($Bo\sim1.8\times10^{-5}$)

(a) 平均内壁温；(b) 内壁温分布

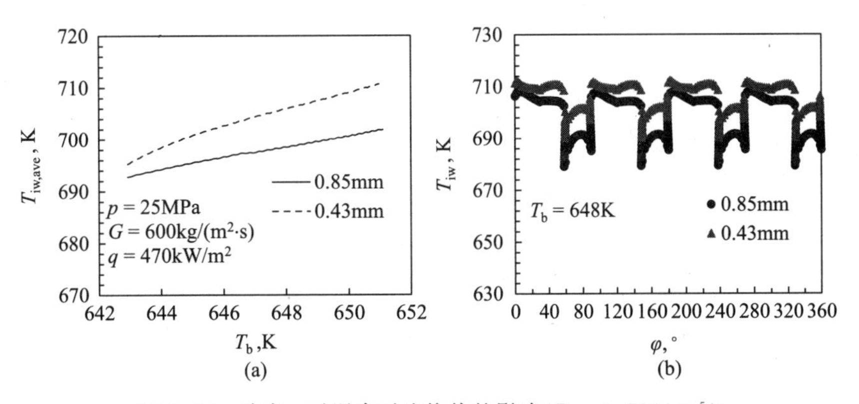

图3.34　肋高 e 对混合对流换热的影响($Bo\sim1.7\times10^{-5}$)

(a) 平均内壁温；(b) 内壁温分布

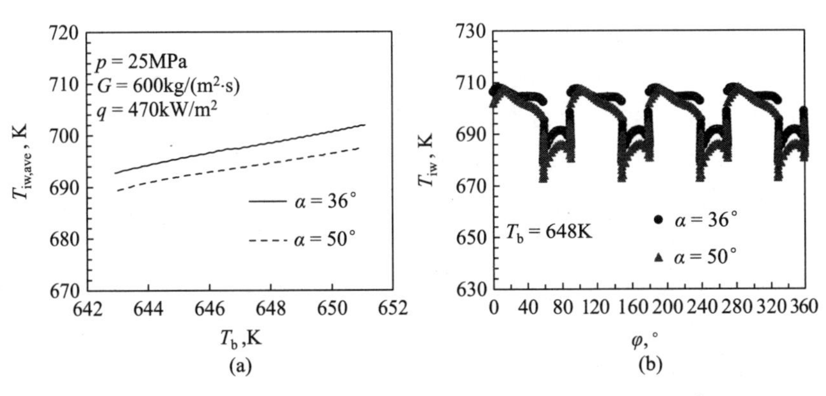

图3.35　螺旋角 α 对混合对流换热的影响($Bo\sim1.7\times10^{-5}$)

(a) 平均内壁温；(b) 内壁温分布

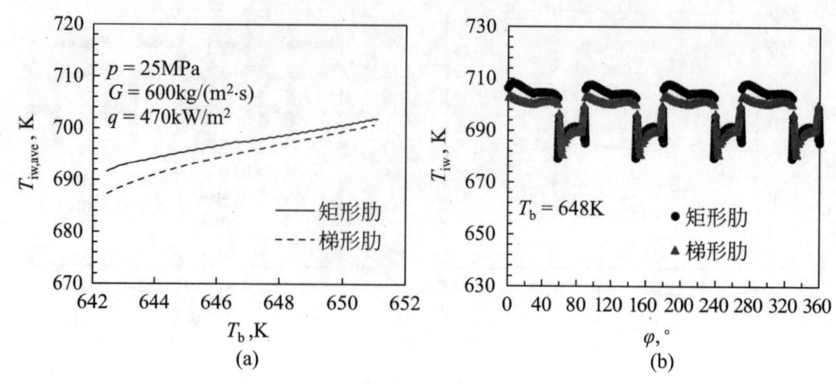

图 3.36　肋形状对混合对流换热的影响(Bo～1.6×10^{-5})

(a) 平均内壁温；(b) 内壁温分布

出来,以进一步讨论肋结构和浮升力影响之间的关系。内螺纹管的肋结构如表 3.3 所示,表中自上至下内螺纹管的无量纲肋结构因子$(\alpha/90°)\times(e/d_i)\times(e/s)$逐渐增大。

表 3.3　不同内螺纹管肋结构的比较

编号	肋形状	N_s	e/d_i	e/s	$(\alpha/90°)\times(e/d_i)\times(e/s)\times10^5$
IRT_1	矩形	4	0.02	0.009	4
IRT_2	矩形	4	0.02	0.019	16
IRT_YP	矩形	4	0.04	0.037	61
IRT_L	矩形	4	0.052	0.061	109
IRT_3	矩形	4	0.04	0.062	139

首先讨论上升流动时的换热情况。对于$(\alpha/90°)\times(e/d_i)\times(e/s)$最小的 IRT_1,如图 3.37 所示,随着 Bo 数的增大浮升力首先削弱了换热,$Bo\approx10^{-4}$时无量纲 Nusselt 数达到最小值(0.6 左右),此时浮升力对上升流动中对流换热的削弱很明显,如图 3.38 所示,壁温出现了局部峰值,下降流动中壁温则沿轴向缓慢上升,壁温值远低于上升流动。Bo 数继续增大后,浮升力转为强化换热。与光管的实验结果[8,15,30,111]相比,IRT_1 中尽管浮升力引起的传热恶化仍会发生,但恶化的程度有所缓解(光管中无量纲 Nusselt 数最小值约为 0.45)。$Bo>10^{-4}$后,光管和 IRT_1 中浮升力对强化换热的贡献大小相当,IRT_1 的传热特性并没有明显优于光管。

IRT_2 的$(\alpha/90°)\times(e/d_i)\times(e/s)$大于 IRT_1,IRT_1 和光管中出现的 $Bo<10^{-4}$时无量纲 Nusselt 数随 Bo 数增加而降低的现象在 IRT_2 中并没

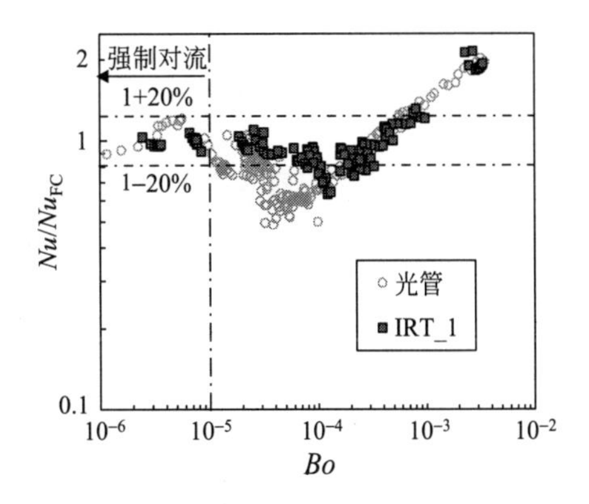

图 3.37　宽 Bo 范围内 IRT_1 与光管[8,15,30,111]中超临界水上升流动混合对流换热的比较

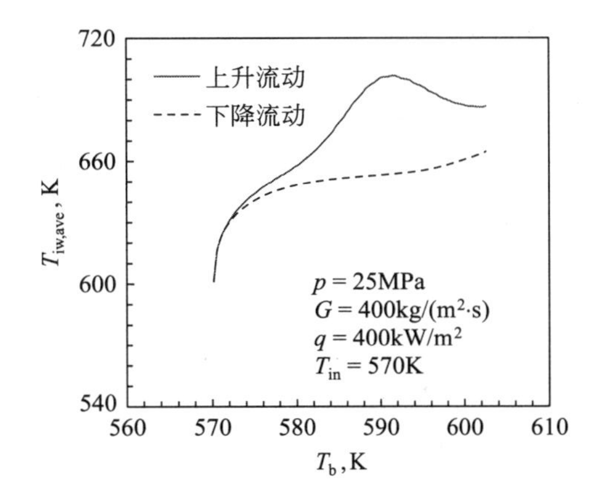

图 3.38　$Bo_{max}\approx10^{-4}$ 时 IRT_1 中上升、下降流动壁温的比较

有出现，如图 3.39 所示。IRT_2 中 $Bo<10^{-4}$ 时浮升力对换热的影响不明显，无量纲 Nusselt 数维持在 1 附近；$Bo>10^{-4}$ 后浮升力强化换热。$(\alpha/90°)\times(e/d_i)\times(e/s)$ 继续增加后，如图 3.40 所示，相同 Bo 数下不同内螺纹管的传热特性差别不大，浮升力对换热的强化作用趋于一致。

下降流动时光管[19,150,151]和不同内螺纹管中混合对流换热的情况如图 3.41 所示。$(\alpha/90°)\times(e/d_i)\times(e/s)$ 增加时，内螺纹管的传热特性变化不大，都与光管类似。光管换热关联式(3-22)能很好地预测下降内螺纹管中混合对流换热的变化趋势，从定量的角度看，考虑到关联式拟合所用实验数据中存在的不确定性，式(3-22)对内螺纹管下降流动换热的预测精度还是比较好的。

相同内螺纹管中上升、下降流动时超临界水混合对流换热的比较如图 3.42 所示。图中随着 $(\alpha/90°)\times(e/d_i)\times(e/s)$ 的增加，同一个内螺纹管

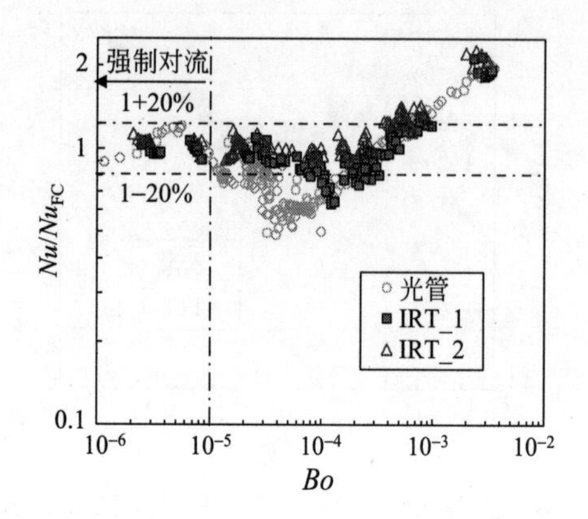

图 3.39 IRT_2、IRT_1 和光管[8,15,30,111]中超临界水上升流动混合对流换热的比较

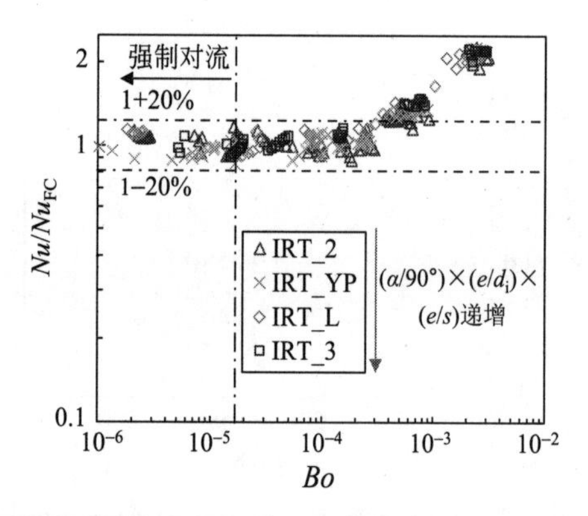

图 3.40 无量纲肋尺寸较大的四种内螺纹管中超临界水上升流动混合对流换热的比较

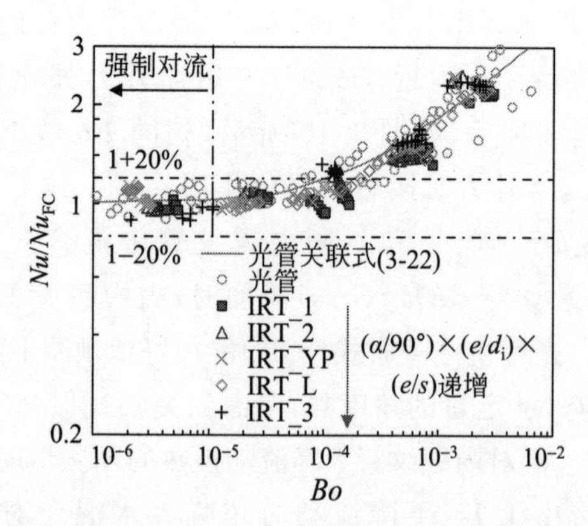

图 3.41 宽 Bo 范围内光管[19,150,151]和不同内螺纹管中水下降流动混合对流换热的比较

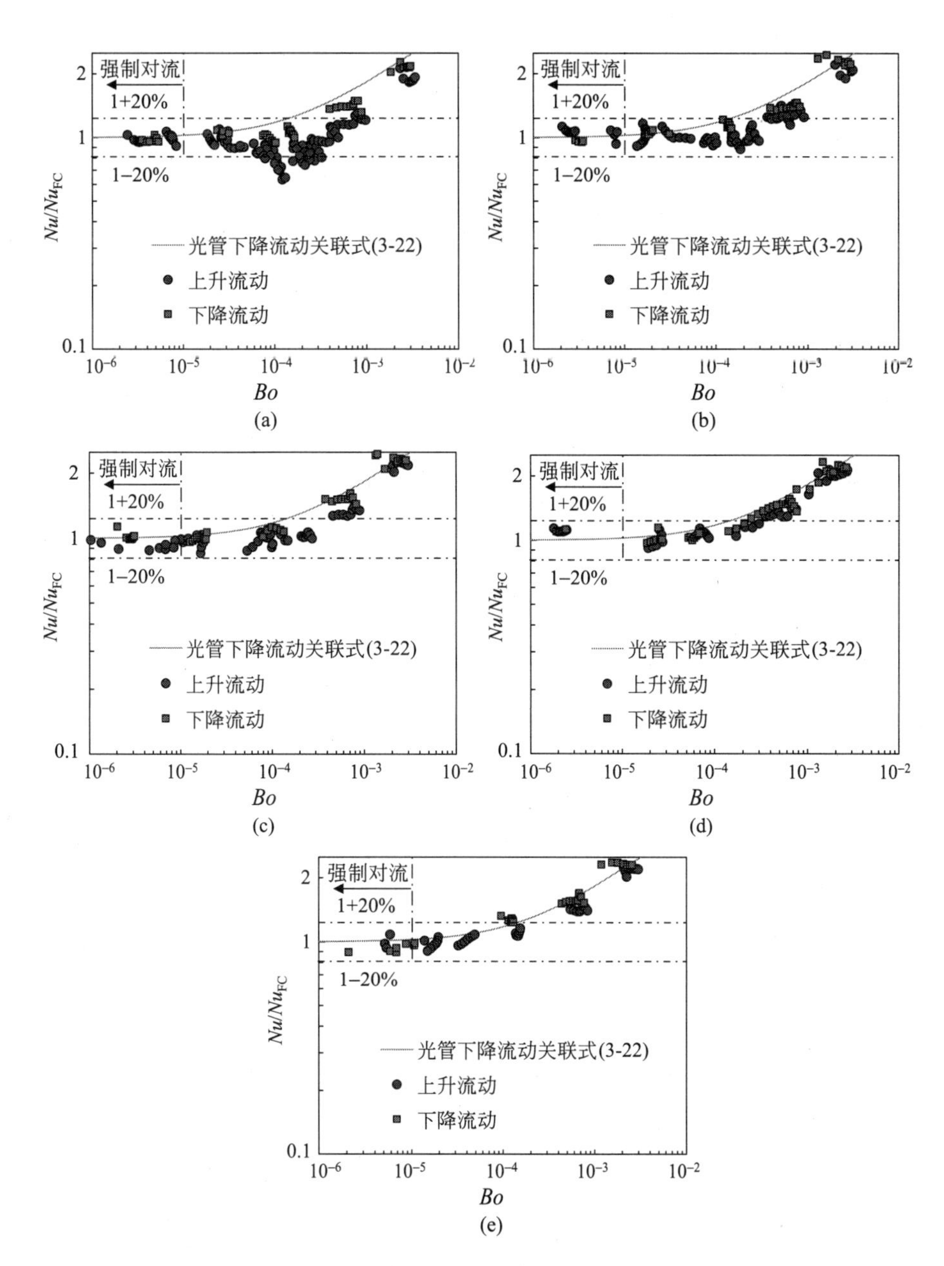

图 3.42　不同内螺纹管中上升、下降流动混合对流换热的比较

(a) IRT_1；(b) IRT_2；(c) IRT_YP；(d) IRT_L；(e) IRT_3

中上升、下降流动时换热特性的差异逐渐消失，不同流向下浮升力对换热的强化程度趋于一致，此时内螺纹管上升、下降流动的混合对流换热都可以使用关联式(3-22)进行较好地预测。

3.4 本章小结

为研究强浮升力影响时以及下降流动时全周加热内螺纹管中超临界流体的对流换热，本章搭建了超临界 CO_2 内螺纹管实验台，建立了内螺纹管中超临界流体对流换热的数值模型，研究了浮升力和内螺纹管肋结构对换热的影响。

实验结果表明对于实验研究的 IRT_L，在 $10^{-6}<Bo<10^{-3}$ 范围内浮升力对超临界流体对流换热的影响很小，上升、下降流动时传热特性差别不大，均与加热下降光管或冷却上升光管类似，可以使用关联式(3-22)和式(3-23)来进行预测。

本章建立的数值模型能较好地预测螺旋肋结构、压力、热流密度等因素对内螺纹管中超临界流体对流换热的影响，具有较好的工质适应性(超临界 CO_2、超临界水)和肋结构适应性。

对肋结构的研究表明，肋结构对换热的影响与内螺纹管中流体的流动形态有关。强制对流条件下，肋结构(肋高、节距、螺旋角、肋形状)发生改变时，内螺纹管的换热特性基本不变，与光管相比，内螺纹管传热性能的优越性并不明显，都可用光管换热关联式(2-25)来预测。混合对流条件下，上升流动中，螺旋内肋能有效地抑制浮升力引起的传热恶化，随着$(\alpha/90°)\times(e/d_i)\times(e/s)$的增加，浮升力对换热的削弱逐渐消失、对换热的强化作用趋于一致；下降流动中，$(\alpha/90°)\times(e/d_i)\times(e/s)$增加时，浮升力对换热的强化作用基本不变，内螺纹管传热特性基本相同，与下降光管类似。

第4章 内螺纹管中超临界流体对流换热的机理分析

第3章的实验、数值研究表明，强制对流条件下，肋结构对换热的影响较小，不同结构内螺纹管中超临界流体的换热都能用光管的换热关联式进行较好的预测；混合对流条件下，肋结构的影响变得明显，相对粗糙度越大浮升力对上升流动换热的削弱越小。这与亚临界单相流动中内螺纹管强化换热的机理并不一致。本章对内螺纹管内的流场进行了分析，分别对强制对流中影响换热的主导因素以及混合对流中内螺纹管强化换热的机理进行了探索，并讨论了内螺纹管中物性剧烈变化对换热的影响。

4.1 内螺纹管强制对流换热的机理分析

本节对 IRT_A 中超临界水的强制对流换热进行分析，操作条件是 $p=24.8\text{MPa}$、$T_{pc}=657.4\text{K}$、$G=800\text{kg}/(\text{m}^2\cdot\text{s})$和 $q=130$、$260\text{kW}/\text{m}^2$。图4.1给出了两种热流下周向平均换热系数 HTC 随流体温度 T_b的变化情况，图中实线是 Jackson 关联式(2-25)的预测值。图4.1中不同 T_b处内螺纹管中湍

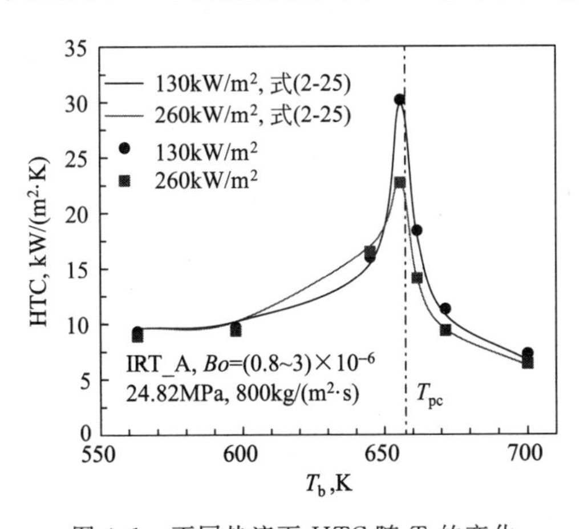

图4.1 不同热流下 HTC 随 T_b的变化

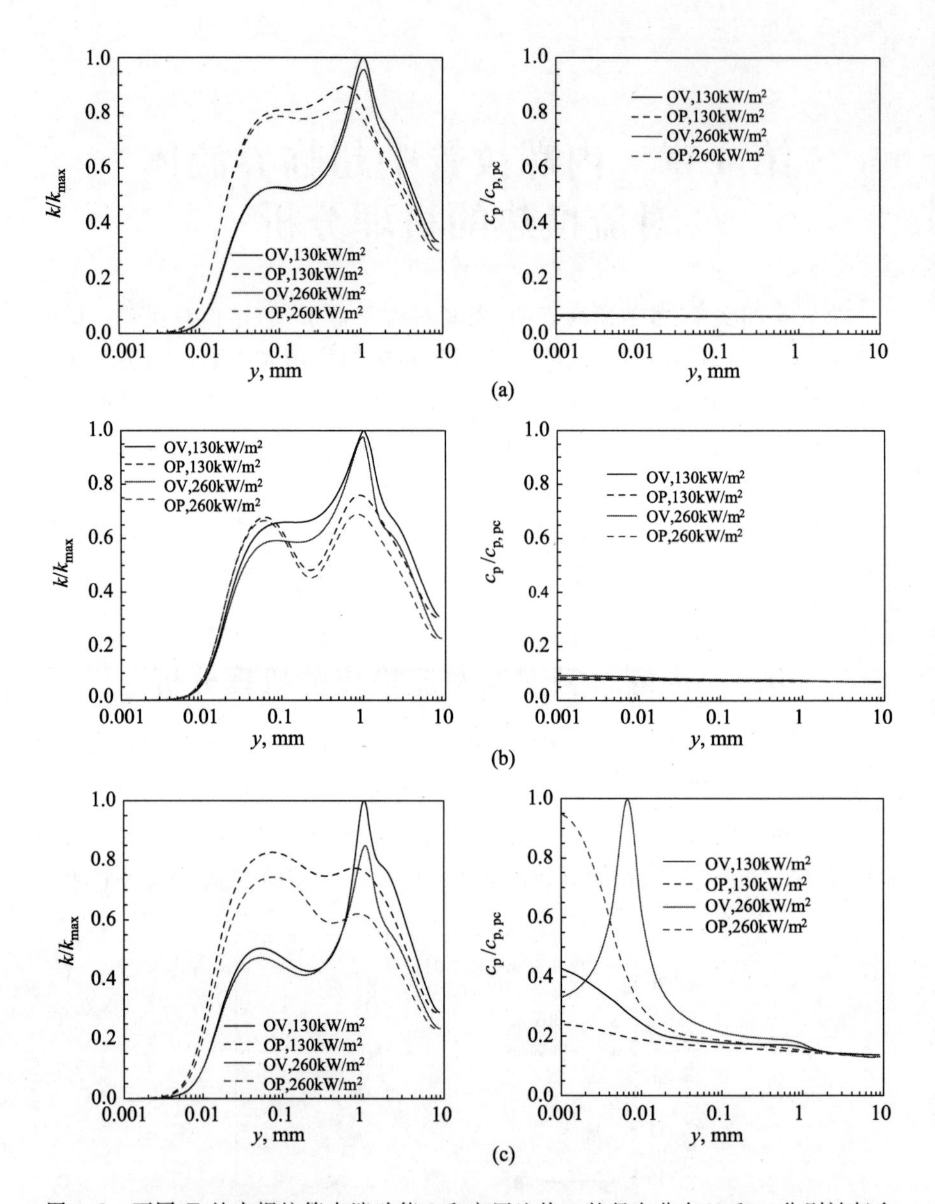

图 4.2　不同 T_b 处内螺纹管中湍动能 k 和定压比热 c_p 的径向分布(k 和 c_p 分别被每个分图中的湍动能最大值 k_{max} 和拟临界点处的定压比热 $c_{p,pc}$ 无量纲化)

(a) $T_b=563K, k_{max}=0.012m^2/s^2$；(b) $T_b=597.5K, k_{max}=0.011m^2/s^2$；(c) $T_b=645K, k_{max}=0.021m^2/s^2$；(d) $T_b=655.6K, k_{max}=0.033m^2/s^2$；(e) $T_b=661.5K, k_{max}=0.103m^2/s^2$

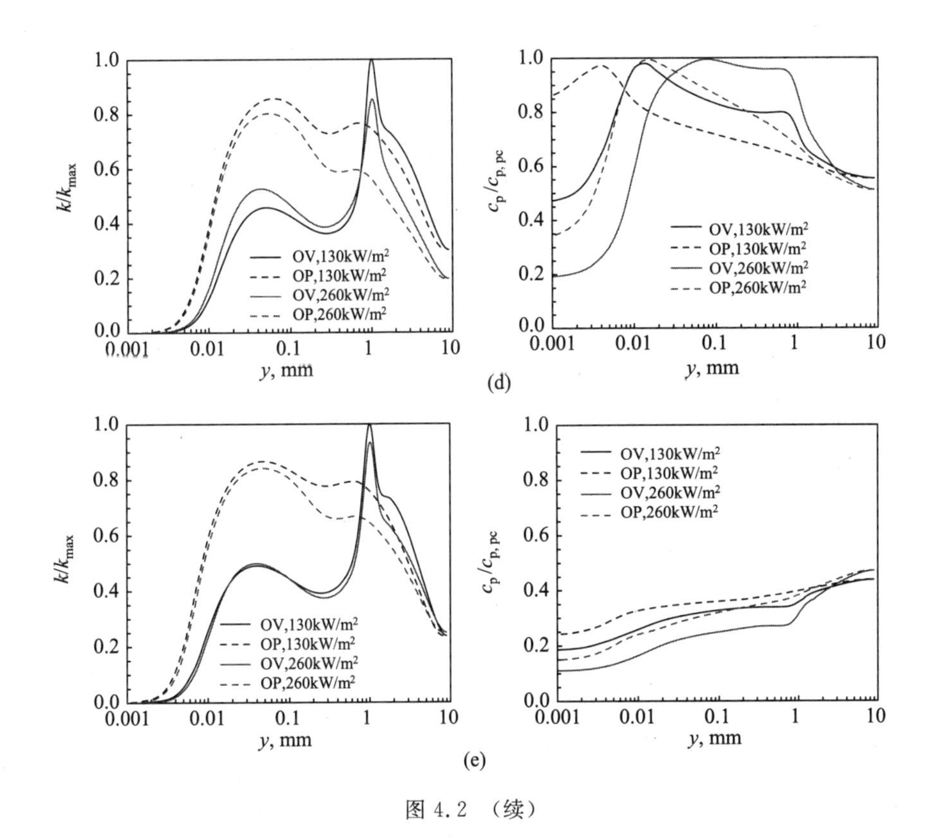

图 4.2 （续）

动能 k 和定压比热 c_p 沿 OP 和 OV 的径向分布如图 4.2 所示，OP 和 OV 的定义如图 4.3 所示，分别表示管横截面中点 O 到肋顶中点 P 和点 O 到肋底中点 V 的径向位置。图 4.2 中 k 和 c_p 分别被每个分图中的湍动能最大值 k_{max} 和拟临界点处的定压比热 $c_{p,pc}$ 无量纲化。

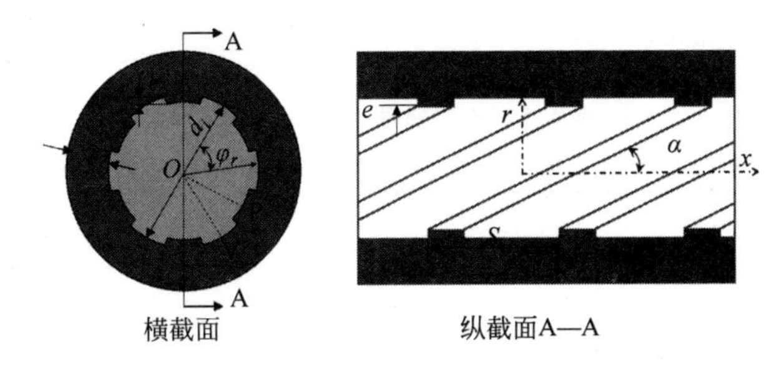

图 4.3　内螺纹管横截面、纵截面示意图

首先分析 q 对 HTC 的影响规律。$T_b=563\text{K}$ 时，以 c_p 为例，流体物性

沿径向几乎没有变化，此时的换热与常物性流体的换热类似，即 HTC 与 q 无关。T_b=597.5K 时，q 增大后近壁面附近流体物性开始发生变化，但变化较小，两个热流下的 HTC 也相差很小。T_b增加到 645K 后，q 变化时 HTC 依然基本保持不变，但此时两个热流下流体物性的径向分布截然不同。T_b继续增加到 655.6K 后，两个热流下的 HTC 都达到了最大值，q=130kW/m^{2}的 HTC 明显高于 q=260kW/m^2。T_b超过 T_{pc}后，低热流工况的 HTC 始终高于高热流工况，二者的差值随着 T_b逐渐远离 T_{pc}而降低。

下面对湍动能 k 随 q 的变化规律进行分析。研究的温度范围内，q=260kW/m^{2}时的 k 始终低于 q=130kW/m^{2}时。T_b=563、597.5K 时，两个热流下 k 的差距较小。T_b=645K 时，与 T_b=597.5K 时 k 的分布相比，高热流工况中 k 出现了明显的降低，此时两个热流下 HTC 却基本相同。T_b继续增加到 655.6K 后，与 T_b=645K 时相比两个热流下的 k 分布基本保持不变，高热流条件下 k 并没有进一步降低，但 T_b=655.6K 时高热流下的 HTC 却远小于低热流时的 HTC。因此，当 T_b和 q 变化时，湍动能 k 的变化规律和对流换热系数 HTC 的变化规律并不一致，湍流强度增加(降低)时换热系数并不一定增加(降低)，超临界流体强制对流换热中占主导作用的并不是湍流强度。

影响换热的主导因素排除了湍流强度后，下面分析物性变化的影响。在 p=24.82MPa、G=800kg/(m^2·s)、q=130kW/m^2、T_b=655.6K 时，研究不同物性(λ, μ, ρ, c_p)对换热的影响。计算工况及结果如表 4.1 所示。工况 0 是所有物性都正常时的基础工况，工况 1～4 分别是导热系数、黏度、密度和定压比热恒定的工况，每个定物性工况中将单个物性固定为定性温度 T_c下的常数，其余物性保持正常，随温度发生剧烈变化。定性温度 T_c的选择依据是保证该物性取到(T_b, T_w)这一温度区间内的最大值和最小值，其中 T_w是正常物性(工况 0)时的壁温。

表 4.1　不同物性对换热的影响

(24.8MPa,800kg/(m^2·s),130kW/m^2,T_b=655.6K,T_w=659.9K)

工况编号	T_c	λ, mW/(m·K)	μ, μPa·s	ρ, kg/m^3	c_p, kJ/(kg·K)	HTC, kW/(m^2·K)	HTC 相对变化值 %
0		$f(T)$	$f(T)$	$f(T)$	$f(T)$	30.2	0
1a	T_b	391	—	—	—	34	12.6
1b	T_w	289	—	—	—	30.3	0.3

续表

工况编号	T_c	λ，mW/(m·K)	μ，μPa·s	ρ，kg/m^3	c_p，kJ/(kg·K)	HTC，kW/(m^2·K)	HTC 相对变化值 %
2a	T_b	—	46	—	—	29.9	−1.0
2b	T_w	—	33.6	—	—	33.8	11.9
3a	T_b	—	—	387	—	36.5	20.9
3b	T_w	—	—	244	—	38.1	26.2
4a	T_{pc}	—	—	—	82	38.2	26.5
4b	T_w	—	—	—	44.7	25	17.2

注：$f(T)$表示物性随温度变化；“—”表示该项与基础工况 0 相同

工况 1b 中导热系数 λ 取的是工况 0 中壁面处的值，主流区流体 λ 低于工况 0，但 HTC 和工况 0 基本相同；工况 1a 中 $T_c=T_b$，近壁面流体 λ 高于工况 0，1a 的 HTC 也高于工况 0，这表明 λ 主要是在近壁面区影响换热，远离壁面后 λ 随温度的变化对换热影响不大。黏度 μ 则主要是在主流区影响换热：工况 2a 中 μ 取的是工况 0 中主流区的值，与工况 0 相比，靠近壁面流体的 μ 升高，但 HTC 几乎不变；工况 2b 中壁面附近流体的 μ 与工况 0 相同，主流区流体 μ 降低，HTC 比工况 0 高。进一步比较定物性工况 1 和工况 2 可以发现，当 T_c从 T_b增加到 T_w时，工况 1 中 HTC 降低了 3.7kW/(m^2·K)，工况 2 中 HTC 则升高了 3.9kW/(m^2·K)，降低值和升高值基本相等。这表明在正常物性的工况 0 中，径向温度的递增使得 λ 和 μ 降低，前者导致导热热阻增加，后者则削减了导热层厚度，二者对换热的贡献在某种程度上相互抵消了。这与 Jackson[152] 在光管中的结论一致。恒定密度工况 3 中，ρ 取整个温度区间内的最大值和最小值时，与工况 0 相比 HTC 始终增加，ρ 的变化规律与 HTC 并不一致，这表明 ρ 沿径向的变化通过其他因素间接影响换热。对于定比热工况 4，由于 T_b和 T_w处 c_p值相差不大，因此定性温度选取的是整个温度区间内 c_p取最大值(T_{pc})和最小值(T_w)处，4a 和 4b 的 HTC 分别大于、小于基础工况 0，HTC 的变化规律与 c_p一致，说明 c_p的径向分布与超临界流体强制对流换热有直接关系。

下面讨论 c_p的径向分布对换热的影响。考虑到近壁面流体温度从 T_w锐减而主流区流体温度则是缓慢降低至 T_∞，70%～90%的温差(T_w-T_∞)发生在层流底层和缓冲层中[126]，因此按照无量纲温度 $\theta_r=0.9$ 把管内流体分为两个区域：近壁面区域内 θ 从 0 剧增到 0.9，质量流率和基于质量平均

的定压比热分别是 m_1 和 $c_{p,1}$；主流区内 θ 从 0.9 缓慢地变化到 1，质量平均比热是 $c_{p,2}$。各参数的具体定义如下：

$$\theta_r = \frac{T_w - T_r}{T_w - T_\infty} \tag{4-1}$$

$$m_1 = \int_{r=r_{0.9}}^{r=r_w} \rho u \mathrm{d}A, \quad m = \int_{r=0}^{r=r_w} \rho u \mathrm{d}A \tag{4-2}$$

$$c_{p,1} = \frac{\int_{r=r_{0.9}}^{r=r_w} c_p \rho u \mathrm{d}A}{\int_{r=r_{0.9}}^{r=r_w} \rho u \mathrm{d}A}, \quad c_{p,2} = \frac{\int_{r=0}^{r=r_{0.9}} c_p \rho u \mathrm{d}A}{\int_{r=0}^{r=r_{0.9}} \rho u \mathrm{d}A}, \quad c_{pb} = \frac{\int_{r=0}^{r=r_w} c_p \rho u \mathrm{d}A}{\int_{r=0}^{r=r_w} \rho u \mathrm{d}A} \tag{4-3}$$

其中 $T_\infty = T_{r=0}$，$r_{0.9}$ 和 r_w 分别是 $\theta_r = 0.9$ 和壁面处的径向位置，m 和 c_{pb} 分别是总质量流率和截面总质量平均比热。图 4.2 中各 T_b 处的上述定义值列于表 4.2 中，其中比热和质量流率都以无量纲的形式表示。首先，两个热流密度 q 下 $c_{p,1}$ 和 $c_{p,2}$ 都随着 T_b 的增加而增加，直到跨过拟临界点（T_{pc} = 657.4K），比热的变化趋势与 HTC 一致。其次，分析不同 T_b 时 q 对比热的影响。T_b=563K 和 T_b=597.5K 时，不同 q 下 $c_{p,1}$ 和 $c_{p,2}$ 基本相同，HTC 也基本不随 q 发生变化。T_b=645K 时，$c_{p,1}$、$c_{p,2}$ 开始随 q 发生变化，但变化很小。引入参数 Int 来表征比热沿径向的积分效果：

$$Int = \int_{r=0}^{r=r_w} (c_p \cdot \rho \cdot u) \mathrm{d}A \mathrm{d}T (\mathrm{kW}) \tag{4-4}$$

将式(4-2)、式(4-3)代入式(4-4)可得：

$$Int = c_{p,1} \times 0.9\Delta T \cdot m_1 + c_{p,2} \times 0.1\Delta T \cdot (1 - m_1) \tag{4-5}$$

代入 T_b=645K 时的 m_1 和 c_p 可得：

$$\begin{aligned} Int_{q_1} &= 0.065(c_{p,pc} \cdot \Delta T_{q_1}) = \pi q_1 \cdot d_h \cdot L_h (\mathrm{kW}) \\ Int_{q_2} &= 0.071(c_{p,pc} \cdot \Delta T_{q_2}) = \pi q_2 \cdot d_h \cdot L_h (\mathrm{kW}) \end{aligned} \tag{4-6}$$

式中 q_1 表示 $q=130\mathrm{kW/m^2}$。由式(3-17)可得两个热流下 HTC 的比值为：

$$\frac{\mathrm{HTC}_{q_1}}{\mathrm{HTC}_{q_2}} = \frac{q_1/\Delta T_{q_1}}{q_2/\Delta T_{q_2}} = \frac{0.065}{0.071} = 92\% \tag{4-7}$$

可以看到，根据比热径向积分计算得到的 HTC 比值在 1 附近，与实际的 HTC 比值差别不大，T_b=645K 时尽管两个热流下物性沿径向的分布差别很大(图 4.2(c))，但比热沿径向的积分效果基本相同，因此 HTC 相差不大。T_b增加到 655.6K 后，$c_{p,1}$ 和 $c_{p,2}$ 随 q 的变化明显剧烈很多。同样地，按照上面的方法计算两个热流的 HTC 比值可得：

$$\frac{\mathrm{HTC}_{q_1}}{\mathrm{HTC}_{q_2}} = \frac{0.194}{0.156} = 124\% \tag{4-8}$$

可以看到，低热流工况中比热沿径向的积分效果明显强于高热流工况，与表 4.2 中 HTC 随q的变化规律一致。

表 4.2　c_p沿径向的积分效果对换热的影响（24.82MPa，800kg/(m² · s)）

T_b，K	q，kW/m²	HTC，kW/(m²·K)	$r_{0.9}$，mm	$c_{p,1}/c_{p,pc}$	$c_{p,2}/c_{p,pc}$	m_1/m	q 增大后HTC的相对变化值，%	q 增大后($Int/\Delta T$)的相对变化值，%
563	130	9.3	6.2	0.062	0.061	0.438	−4	2
563	260	8.9	6.0	0.062	0.061	0.471		
597.5	130	9.7	6.2	0.071	0.070	0.452	−3	4
597.5	260	9.4	5.9	0.072	0.069	0.488		
645	130	16	6.6	0.146	0.138	0.431	3	8
645	260	16.5	6.4	0.149	0.132	0.476		
655.6	130	30.2	7.8	0.668	0.562	0.252	−25	−20
655.6	260	22.7	7.9	0.746	0.559	0.163		
661.5	130	18.4	7.8	0.333	0.406	0.140	−23	−15
661.5	260	14.1	7.9	0.267	0.413	0.121		

$T_b > T_{pc}$后，远离壁面的主流区流体具有最大的比热和密度，$c_{p,1}$始终低于$c_{p,2}$，q增加后径向温度梯度变大，壁面附近流体温度比T_{pc}更高，$c_{p,1}$和m_1降低，见表 4.2。T_b=661.5K 时，低热流下比热的径向积分比高热流下高约 20%，因此低热流下 HTC 也较高。T_b继续增加、远离T_{pc}后，q增加后物性沿径向的分布基本不变，HTC 也就变得与q无关。总的来说，如表 4.2 的后两列所示，比热沿径向积分效果的变化规律与 HTC 一致，主导超临界流体的强制对流换热。

上述讨论表明内螺纹管中影响超临界流体强制对流换热的主要因素是定压比热c_p，q和T_b通过改变c_p沿径向的积分效果来间接地影响换热。这与 Licht 等人[98,153]在光滑流道中得到的结论一致。Licht 等使用多普勒激光测速仪测量了超临界水的湍流分布，发现径向的轴向速度、湍流分布对换热的贡献很小，c_p在换热中起主导作用。因此，不管是光滑管还是粗糙管，超临界流体强制对流中影响换热的决定性因素是c_p，内螺纹管中内肋产生的额外湍动对换热的贡献很小，这是本文和文献[59]中发现的可以使用光管换热关联式来预测内螺纹管中超临界流体强制对流换热的根本原因。对于其他一些学者报道的低热流密度下湍流强化装置（螺旋线[69,124]、扰流器[71]、带螺旋内肋的圆环通道[154]、横肋管[155]）无法有效地强化超临界换热，本文认为也是由于其研究的工况属于强制对流换热，所以强化装置的作用并不明显。前面物性敏感性分析中恒定密度工况 3 的 HTC 始终高于基础工况 0 同样是由于间接影响了 c_p 的径向积分。正常物性下如图 1.3 所示，大比热区流体的密度低于主流区流体，而恒定密度工况中大比热流体的质量分数增加，c_p 沿径向的积分效果增大，所以 HTC 大于正常物性工况 0，流体密度从主流区到壁面的递减削弱了换热。λ、μ、ρ 和 c_p 等物性中，c_p 和 ρ 的径向分布对换热分别有直接和间接的影响，Jackson 关联式(2-25)和 Mokry 关联式(2-26)中包含的 $\bar{c}_p$ 和(ρ_w/ρ_b)分别考虑了 c_p 和 ρ 沿径向的变化，两个关联式都能较好地预测强制对流换热，如图 4.4 所示。

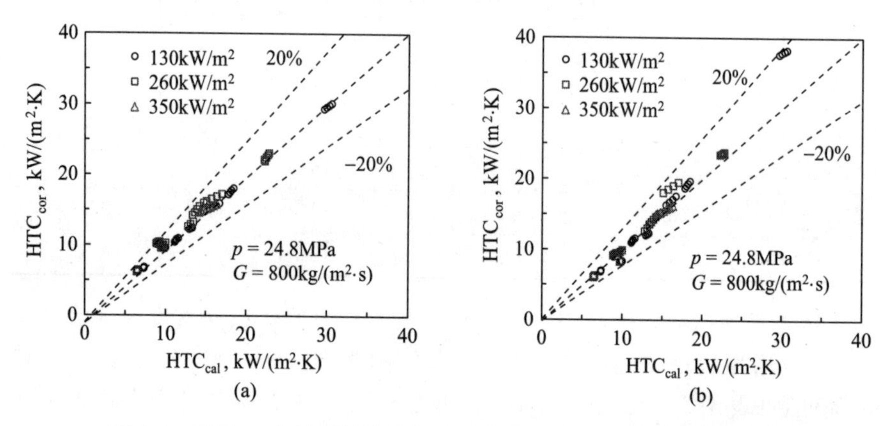

图 4.4　IRT_A 中模型计算值与光管换热经验关联式预测值的比较
(a) 模型计算值与 Jackson 关联式(2-25)预测值的比较；
(b) 模型计算值与 Mokry 关联式(2-26)预测值的比较

图 4.4 还表明 Jackson 关联式预测值的离散程度小于 Mokry 关联式，这可能是由于前者在拟合时剔除了受浮升力影响的数据，更适用于变物性纯强制对流条件。此外，由于 c_p 的径向积分是由局部热流密度决定的，因此全周/半周加热时强制对流换热的机理相同，这就解释了 2.2.4 节中得到的全周加热关联式(2-25)和式(2-26)在半周加热强制对流换热时依然适用这一结论。

4.2　内螺纹管强化混合对流换热的机理分析

上一节对强制对流换热的研究表明与光管相比，内螺纹管并不能明显地强化换热。混合对流条件下，以图 4.5(a)中内螺纹管 IRT_A[15] 和光管中超临界水的换热（管径分别是 $d_i=18\text{mm}$ 和 $d=18.5\text{mm}$，操作条件是 $p=24.82\text{MPa}$、$G=404\text{kg}/(\text{m}^2\cdot\text{s})$ 和 $q=315.5\text{kW}/\text{m}^2$）为例，光管上升流动中局部壁温剧烈飞升，不同流向时壁温差别很大，浮升力对换热的影响很大；内螺纹管上升流动中壁温变化很平缓，与下降流动壁温差别不大，浮升力的影响较小。图 4.5(b)中内螺纹管 IRT_YP 的换热特性也明显优于相同水力直径的光管。

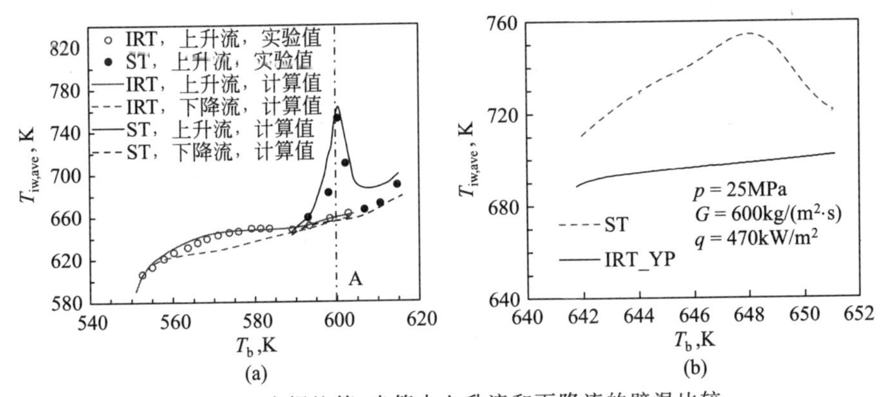

图 4.5 内螺纹管、光管中上升流和下降流的壁温比较

(a) IRT_A，24.8MPa，$404\text{kg}/(\text{m}^2\cdot\text{s})$，$315.5\text{kW}/\text{m}^2$；$Bo_{ST}\sim9.6\times10^{-5}$，$Bo_{IRT}\sim3\times10^{-5}$；

(b) IRT_YP，$Bo_{IRT}\sim1.8\times10^{-5}$，$Bo_{ST}\sim2\times10^{-5}$

已有的对多种内螺纹管传热特性的研究中，几乎全部关注的是内螺纹管抑制传热恶化的效果，很少着眼于其强化换热的机理探索。目前一般认为有以下几个可能因素改善了换热：

(1) 内螺纹管的表面积比光管大 20%～25%，换热面积的增大在一定程度上改善了换热[55,57,142,156]。

(2) 螺旋内肋使管内出现螺旋流，主流区较冷的工质在离心力的驱使下会被甩到壁面，加强了对壁面的冷却，类似于亚临界条件下内螺纹对两相流中膜态沸腾的抑制[55,64,142,156]。

(3) 肋本身以及肋引起的旋流增强了边界层中的湍流强度，改善了流体沿径向的质量和动量传递[55,57,142]。

(4) 流体沿轴向流动时越过内肋，边界层内形成分离流，强化了边界层内的湍流[55]。

以下针对上述可能原因对传热强化的贡献展开讨论。首先对 $\alpha=0°$ 的直肋管 IRT_0 和内螺纹管 IRT_YP 的传热特性进行比较。IRT_0 中不存在螺旋流动，除螺旋角 α 外的其他肋尺寸与 IRT_YP 相同，如表 4.3 所示。

IRT_YP、IRT_0 以及相同水力直径的光管 ST 的壁温分布如图 4.6 所示。

表 4.3　不同内螺纹管几何尺寸

编号	d_i,mm	δ,mm	s,mm	N_s,-	e,mm	w,mm	α,°	肋横截面形状
IRT_YP	21	6	22.7	4	0.85	5.3	36	矩形
IRT_0	21	6	—	4	0.85	5.3	0	矩形
IRT_5	21	6	22.7	—	0.85	5.3	90	矩形

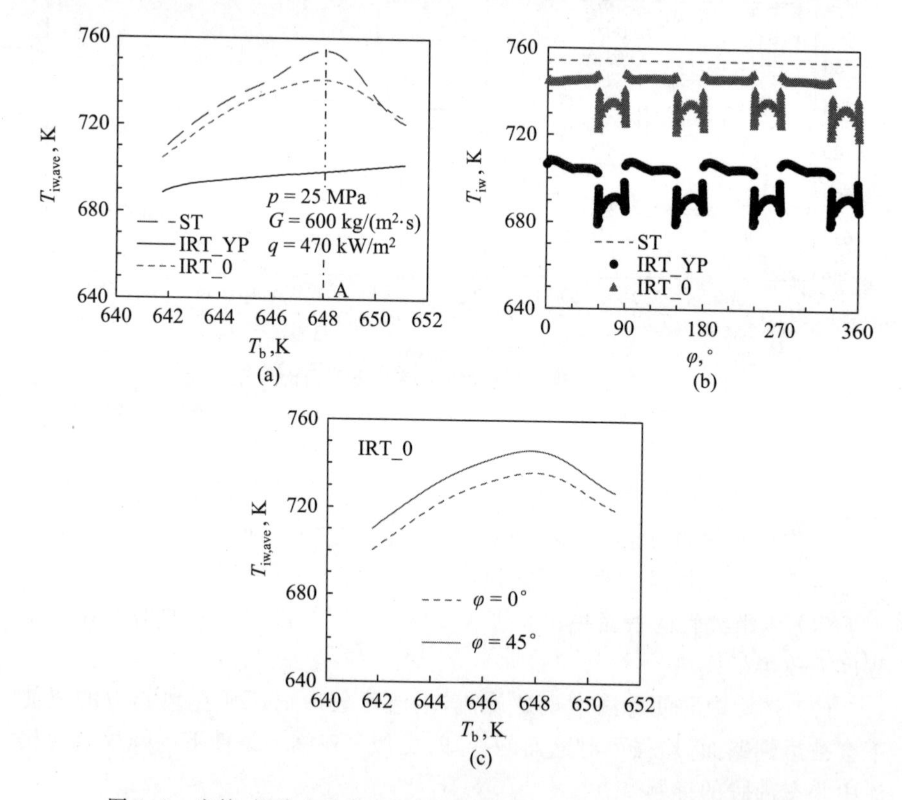

图 4.6　光管、螺旋内肋管 IRT_YP 和直肋管 IRT_0 壁温分布的比较

(a) 平均壁温；(b) 周向局部壁温分布；(c) IRT_0 中不同周向角度 φ 处壁温随工质温度的变化（φ=0°肋顶中点；φ=90°肋底中点）

图 4.6(a)表明，IRT_0 中发生了与 ST 中类似的局部壁温飞升。IRT_0 的周向平均壁温 $T_{iw,ave}$ 和周向局部壁温 T_{iw} 都远高于 IRT_YP，见图 4.6(b)。图 4.6(c)表明，IRT_0 中不同周向角度处的壁温轴向分布都出现了局部峰值，整个周向的换热都被浮升力削弱了。图 4.6(a)中壁温峰值附近即 $T_b \approx$

648K 时不同管中超临界水 HTC 的比较列于表 4.4 中。与光管相比，IRT_0 的换热面积增大了 20%，HTC 只增大了 10%；IRT_YP 的换热面积也是增大了 20%，与 IRT_0 相同，但 HTC 却增大了一倍多。可见，由于肋的存在引起的换热内表面积的增加对传热强化的贡献很微弱，肋本身引起的流动扰动也无法抑制浮升力对换热的削弱，二者对局部壁温飞升现象的改善效果非常有限。由此可以推断，内螺纹管中强化超临界混合对流换热的主要因素是螺旋流动。

表 4.4　不同内螺纹管在图 4.6(a)点 A 处的 HTC 比较

	光管 ST	IRT_YP，$\alpha=36°$	IRT_0，$\alpha=0°$
换热面积(相对于光管)	1	1.2	1.2
HTC，kW/(m^2·K)	4.4	9.3	5
HTC 变化值(相对于光管)	1	2.1	1.1

对于亚临界两相流，内螺纹管中的螺旋流能够持续地将主流冷工质甩到壁面，近壁面热工质则趋于沿管中心流动，因此偏离核态沸腾(DNB)被延缓或抑制[58,141,157,158]。在宏观意义上，超临界流体在拟临界区内物性变化剧烈，拟临界点前后分别类似于液体和气体，与亚临界两相流类似，于是有学者提出内螺纹通过抑制拟膜态沸腾来改善换热[15]。这种超临界与亚临界两相流的类比在某种程度上是不正确的。如引言中所述，拟膜态沸腾只是对超临界传热恶化现象的表观描述，不能解释恶化发生的机理和本质。大量实验发现[141,158-160]，当压力升高、逐渐接近临界压力时，内螺纹管抑制 DNB 的能力减弱。这表明螺旋流动产生的离心力对流体的作用程度与密度梯度有直接关系，径向密度差减小、密度梯度降低时，壁面处的气泡或拟气体不易脱离。亚临界两相流中径向密度梯度在气液交界面处从 0 飞升至无穷大，两相间离心力大小差别很大，因此螺旋流能有效地将主流区较冷的液体甩到壁面。超临界条件下，密度梯度沿径向的变化要平缓很多，如图 4.7 所示，可以预见此时的离心力差值也将小很多，主流工质可能难以被甩到壁面。图 4.8 中 IRT_YP 内的流线分布更直观地表现出了管内流体的宏观平均运动规律。近壁面较热的流体始终贴壁向前流动，主流区较冷的流体在沿轴向前行的过程中离壁面的径向距离也保持基本不变，冷、热流体之间并不存在明显的混合。管内的旋流只有在近壁面附近才比较强烈，如图 4.9 所示。因此，内螺纹管中旋流并非是通过将主流区冷工质“甩到”壁面来强化传热的。

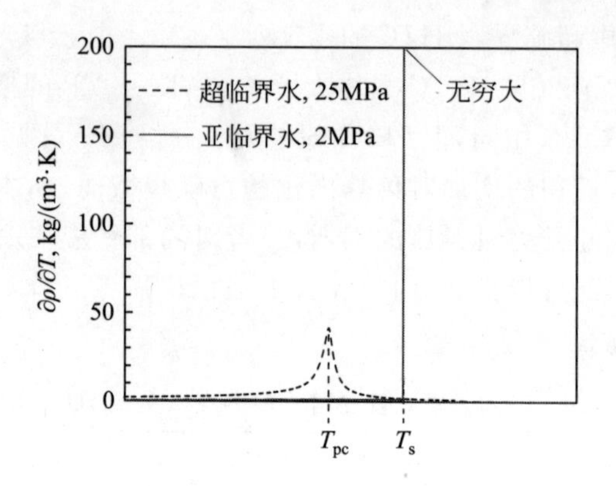

图 4.7　水在亚临界两相区和超临界拟临界区的密度梯度分布

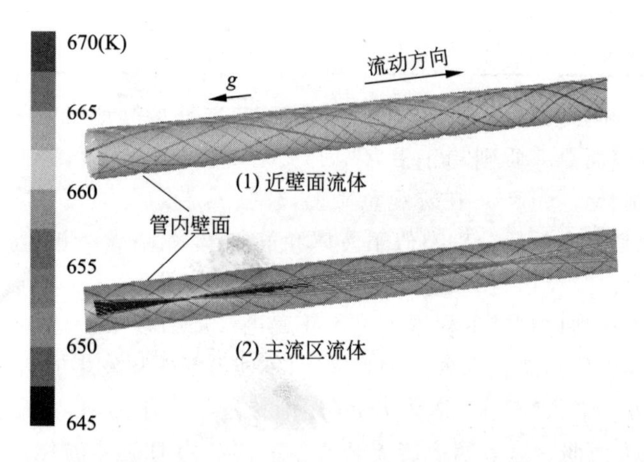

图 4.8　IRT_YP 中的流线分布(图中没有给出壁面温度信息,壁面的颜色不代表温度)
$p=25$MPa,$G=600$kg/(m² · s),$q=470$kW/m²

下面结合对超临界流体流场的分析继续讨论内螺纹管强化混合对流换热的原因。图 4.6(a)中 A 点处不同管中流场的径向分布如图 4.10 所示。受热光管和 IRT_0 中 u 和 k 的径向分布几乎一致,与光管等温流动相比,二者中近壁面附近 u 明显增加,在 $y^+\approx100$ 的径向位置达到峰值。u 峰值在径向的过早出现导致 $y^+<20$ 时湍动能 k 剧烈增加,$y^+>30$ 后 k 剧烈降低。图 4.10(b)中 $y^+=30\sim100$ 范围内,受热光管和 IRT_0 中流场的 k 远低于绝热光管。

前面 2.2.6 节中已经分析了对数区初段($y^+=30\sim100$)内湍流对换热的重要性,由于该区域内流场出现了弱湍化,受热光管和 IRT_0 中径向的

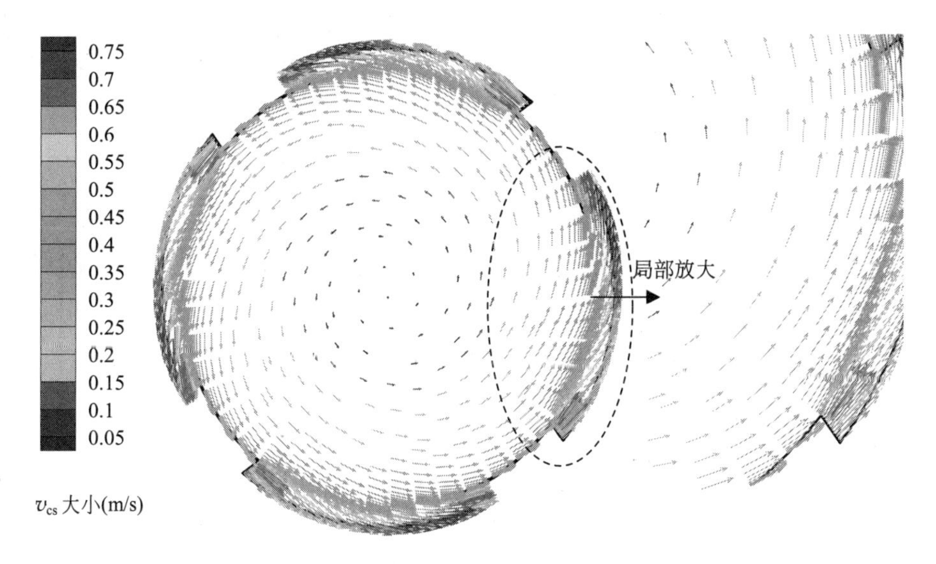

图4.9 IRT_YP中流体速度在横截面投影的矢量分布图

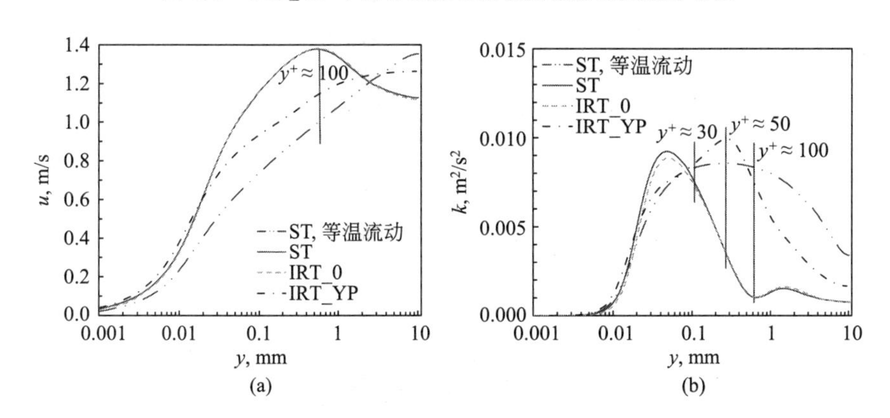

图4.10 不同管中流场的径向分布

$p=25\text{MPa}, T_b=648\text{K}, G=600\text{kg}/(\text{m}^2\cdot\text{s}), q=470\text{kW}/\text{m}^2$

(a) 轴向速度 u；(b) 湍动能 k

湍流动量、能量输送被严重削弱，传热恶化发生。在IRT_YP中，与绝热光管相比近壁面流体的 u 仅轻微升高，u 的峰值并没有提前出现，远离壁面时 u 持续增加，$y^+=30\sim100$ 范围内湍动能 k 甚至还高于绝热流动。因此，IRT_YP中内肋引起的螺旋流动加强了边界层中 $y^+=30\sim100$ 内的湍流扩散，保证了有效的径向湍动能量传递和较小的径向温度梯度，进而减缓了壁面附近的流体加速，削弱了浮升力效应，具有大比热的流体的比重也增加，比热沿径向的积分效果进一步强化了换热。与等温流动时的强制对流相比，IRT_YP 中湍流强度并没有降低，换热特性与强制对流换热类似，此时强制对流换热关联式(2-25)的预测准确度虽然低于 4.1 节中的图 4.4，但与实验值[15,57]偏差也不大，如图 4.11 所示。

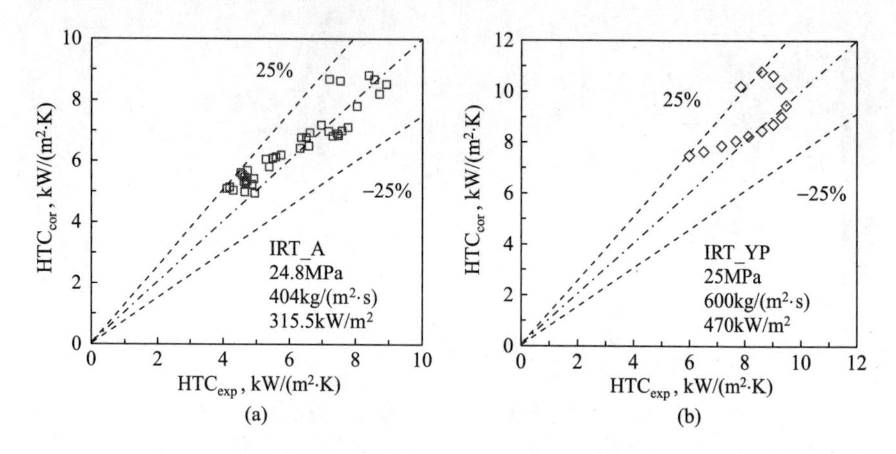

图 4.11　不同内螺纹管中超临界水混合对流换热实验值与关联式(2-25)预测值的比较
(a) 文献[15]，$Bo_{IRT}\sim 3\times 10^{-5}$；(b) 文献[57]，$Bo_{IRT}\sim 1.8\times 10^{-5}$

下面对横肋管 IRT_5($\alpha=90°$)中超临界水的对流换热进行分析。IRT_5 的结构尺寸列于表 4.3 中，除 α 外其余参数与 IRT_YP 相同。考虑到沿轴向的对称性，在二维轴对称坐标下对 IRT_5 中的流动和换热进行计算，计算网格如图 4.12 所示。湍流模型、离散格式、收敛判据、物性计算标准等均与 3.3.1 节一致。

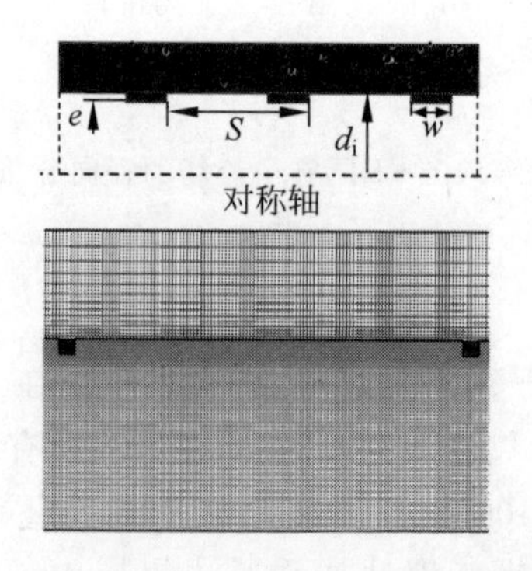

图 4.12　IRT_5 的几何尺寸及计算网格

与螺旋内肋管 IRT_YP 相比，IRT_5 中不存在螺旋流动，流体越过横肋后在相邻两肋间依次发生流动分离、再附着和回流，边界层内产生的大量漩涡加强了湍流和换热[161-163]。由于流场和涡结构与螺旋内肋管不同，因此首先使用横肋管的实验数据对计算模型进行验证。校验数据选用的是 Webb[77]的单相水实验（p=0.17MPa，Pr=5.9），横肋管尺寸以及模型计算值与实验值的对比如图 4.13 所示，计算模型能较好地再现横肋管内的真实换热情况。

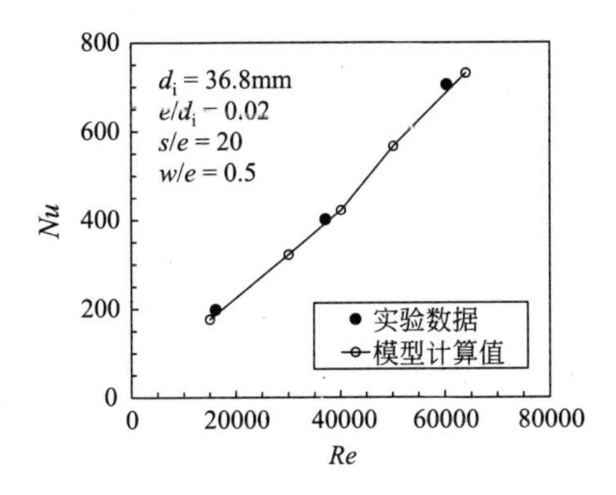

图 4.13 IRT_5 模型计算值、实验值[77]的对比

横肋管 IRT_5 中超临界水在 p=25MPa、T_b≈648K、G=600kg/(m^2 · s) 和 q_{ave}=470kW/m^{2}时的换热情况见图 4.14，图中 HTC 根据局部热流密度计算得到。肋下游处 HTC 先增加后降低，在 x/e≈8 的点 B1 处达到最大值，这与常物性流体在横肋管中的对流换热一致（HTC 最大值通常出现在肋下游 $6e$～$8e$ 处[77,164,165]）。HTC 在 B1 下游 14mm 的点 B2 处达到最小值，HTC 的最小值仅约为最大值的 30%。

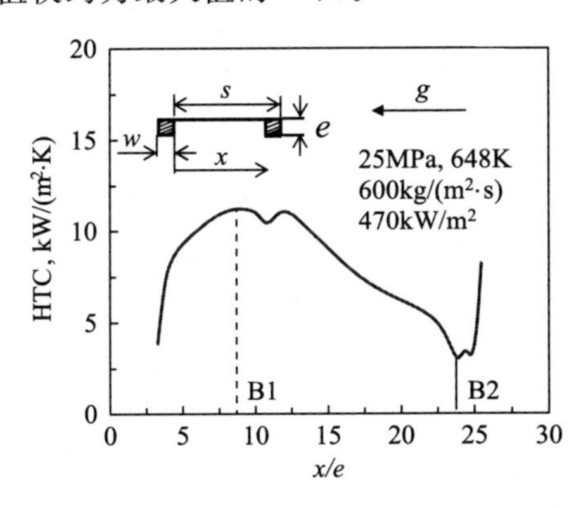

图 4.14 横肋管 IRT_5 相邻肋间超临界水 HTC 沿轴向 x 的分布

图 4.15 给出了 B1、B2 处的流场分布并与光管、IRT_YP 的流场进行了比较。横肋管 B1 处的湍动能 k 在整个边界层能都远大于其他工况，B1 处的 HTC 也明显较高，如表 4.5 所示。$y^+=30\sim120$ 内，横肋管 B2 处的 k 远小于 B1 和 IRT_YP，$y^+>120$ 后，B2 的 k 明显升高，最终高于 IRT_YP 和 ST。B2 的 HTC 在四个加热工况中也是最小的，这是由于在 $y^+=30\sim100$ 范围内 B2 的湍动能 k 最小。$y^+=30\sim100$ 的径向区域内，受热工况按照 k 从大到小排列依次是 B1、IRT_YP、ST 和 B2，与按照 HTC 从大到小的排序一致，这再次证明了对数区初段湍流对超临界对流换热的重要性。图 4.15(b)中 70%以上的温降都发生在 $y^+<30$ 的黏性底层和缓冲层中，距离壁面相对较远的 $y^+>100$ 的区域内温度变化平缓很多，这可能是该区域内湍动能 k 的恢复无法有效改善传热的原因。IRT_5 的换热情况还表明超临界传热恶化具有局部性，恶化是否发生取决于当地流场。

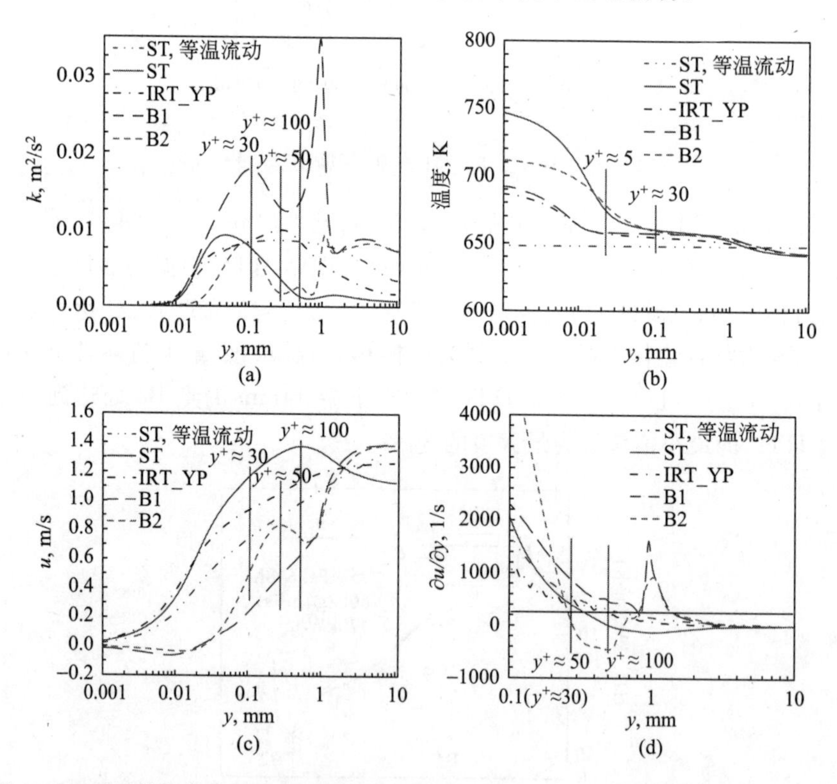

图 4.15 不同管中的流场分布(超临界水，25MPa，648K，600kg/(m²·s)，470kW/m²)

(a) k 的径向分布；(b) 温度的径向分布；(c) u 的径向分布；(d) u 的径向梯度的径向分布

表 4.5　不同管中超临界水 HTC 的比较(25MPa,648K,600kg/(m^2·s),470kW/m^2)

	横肋管 IRT_5,B2	光管 ST	IRT_YP	横肋管 IRT_5,B1
HTC,kW/(m^2·K)	3	4.4	9.3	11.2

综上所述,传热面积的增加和肋本身引起的流动扰动无法抑制浮升力的消极作用,对内螺纹管强化混和对流换热的贡献很小,内肋引起的螺旋流动是强化换热的主要原因。管内的螺旋流动只有在近壁面附近才比较剧烈,主流区、近壁面流体之间没有发生明显的混合。边界层对数区初段中湍流强度的大小对换热至关重要,近壁面流体的螺旋流动正好加强了这个区域内径向的湍流扩散,从而改善了换热。另一方面,即使管内不存在螺旋流动,例如横肋管 IRT_5 的点 B1,漩涡和回流的存在保证了边界层对数区初段流场的湍流强度足够高,超临界流体的混合对流换热也能得到强化。

4.3　物性变化对内螺纹管换热特性的影响分析

目前对亚临界单相流体在内螺纹管中的对流换热研究比较充分,肋结构的优化准则也较为成熟[143-149]。为了解这些准则在超临界条件下是否适用,首先需要研究物性发生剧烈变化时内螺纹管强化传热的特性是否发生改变。于是对 3.3.4 节中五种内螺纹管内 25MPa 下超临界水(变物性流体,VPF)和 0.1MPa 下空气(常物性流体,CPF)的对流换热进行数值分析和比较。图 4.16(a)给出了 IRT_YP 中两种流体的换热情况,图中纵坐标的无量纲 Nusselt 数也叫做强化因子 AF,表示相同操作条件下内螺纹管中 Nusselt 数与光管中 Nusselt 数的比值:

$$AF = Nu_{\mathrm{IRT}}/Nu_{\mathrm{ST}} \tag{4-9}$$

强化因子用于衡量内螺纹管相对于光管的传热强化效果大小。图 4.16(a)中对于常物性流体,强化因子随着 Re 的增加而增加,与加热热流 q 无关。对于变物性流体,强化因子明显受到对流形态的影响,与 Re 之间没有明显的关系。强制对流时,强化因子在 1 附近,内螺纹对传热的强化不明显,而相同 Re 下常物性流体的强化因子在 1.5 以上,内螺纹管的强化作用很明显;混合对流时,变物性流体的强化因子达到了 2 以上,比相同 Re 下常物性流体的强化因子高 40%。

1~4 号内螺纹管中的结果与 IRT_YP 一致,如图 4.16(b)~(e)所示,

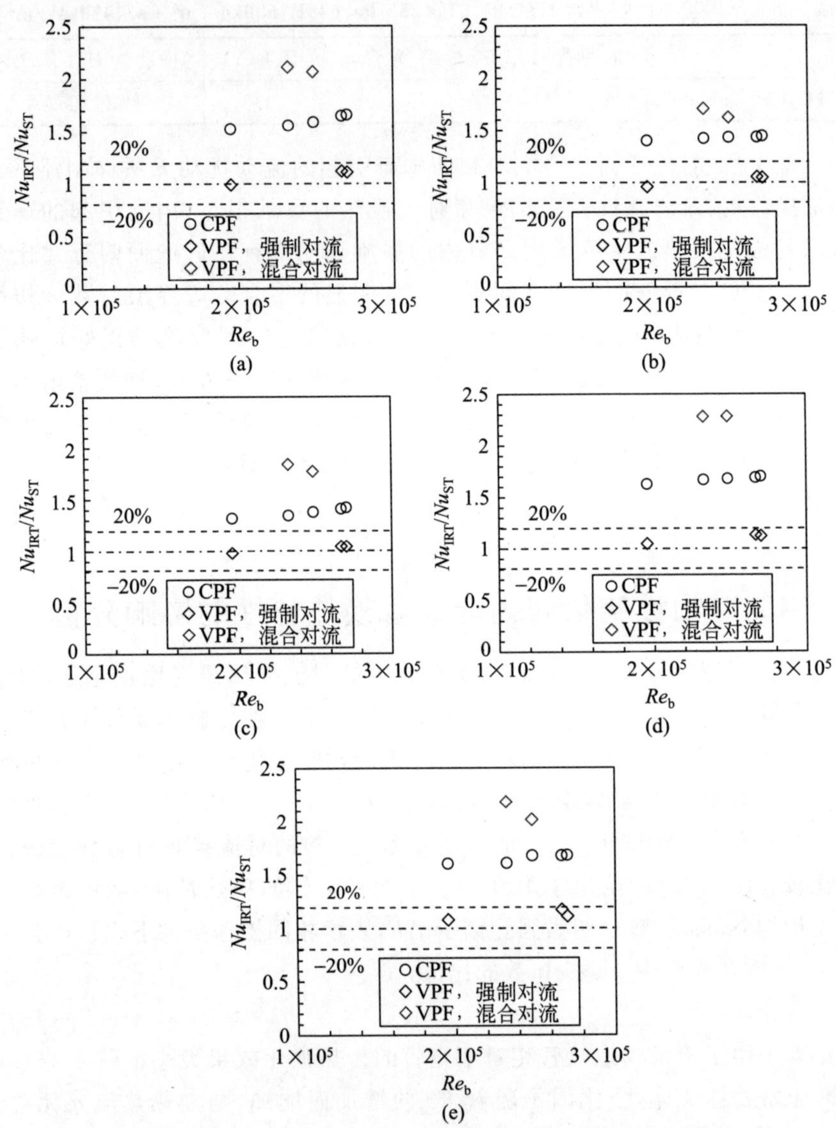

图 4.16　不同内螺纹管中物性变化对内螺纹管传热性能的影响

(a) IRT_YP；(b) IRT_1，s=45.4mm；(c) IRT_2，e=0.43mm；

(d) IRT_3，α=50°；(e) IRT_4，梯形肋

混合对流条件下变物性流体的强化因子比相同 Re 下常物性流体的强化因子高 20%～50%。

以上结果表明物性发生剧烈变化时内螺纹管的传热特性也明显发生改

变。强制对流中,内肋产生的流动扰动对变物性流体换热的影响远小于对常物性流体的影响,内肋的作用被强物性变化的作用所掩盖,内螺纹管的传热特性与光管相似。混合对流中,内肋对变物性流体换热的强化作用高于常物性流体,能更有效地改善传热。这种现象可以解释如下。强制对流时,比热沿径向的积分效果在换热中占主导作用,超临界流体具有很强的换热能力,内肋引起的额外湍流对换热的帮助不大;混合对流时,光管中浮升力导致流动发生类层流化,湍流传递变得很微弱,径向温度梯度剧烈升高,变物性流体丧失了强制对流条件下具有的强冷却能力。内螺纹管中螺旋肋的存在增强了湍流强度,当湍流恢复到与强制对流较为接近的强度时,流体自身的强冷却能力也开始恢复,此时强物性变化和螺旋肋一起强化了对流换热。因此与常物性流体相比,变物性流体中螺旋肋只需产生较少的扰动就能达到相同的传热强化效果,即在变物性流体传热强化应用领域,使用具有较小的 e、α 或较大的 s 的内螺纹管即可。

4.4　本章小结

本章通过数值模拟对内螺纹管内的流场进行了分析,分别对强制对流中换热的主导因素以及混合对流中内螺纹管强化换热的机理进行了探索,并讨论了内螺纹管中物性剧烈变化对换热的影响,得到的结论主要如下:

(1) 影响超临界流体强制对流换热的主要因素不是湍流强度,而是定压比热 c_p,q 和 T_b 通过改变 c_p 沿径向的积分效果来间接地影响换热。与光管相比,螺旋内肋引入的额外湍动对换热的贡献很小,光管强制对流换热经验关联式可用于预测内螺纹管中超临界流体的强制对流换热。

(2) 内螺纹管传热面积的增加和肋本身引起的流动扰动对改善混合对流换热的贡献很小,内肋引起的螺旋流动是强化换热的主要原因。管内的螺旋流动只有在近壁面附近才比较剧烈,无法通过引起宏观上的中心冷流体和近壁面热流体之间的混合来改善换热,而是通过增强边界层对数区初段 $y^+=30\sim100$ 内流场的湍流强度从而改善了换热。另一方面,螺旋流动并非增强混合对流换热的必要条件,对于不存在螺旋流动的横肋管,肋后的漩涡和回流使得边界层对数区初段流场的湍流强度能维持在较高值,超临界流体的混合对流换热也能得到强化。

(3) 超临界流体在大比热区具有很强的冷却能力,强制对流中,边界层中湍流强度维持在较高值,螺旋内肋产生的流动扰动对超临界流体换热的影响远小于对常物性流体的影响,内肋的作用被比热沿径向的积分作用所掩盖;混合对流中,光管内浮升力导致流动发生类层流化,湍流传递变得很微弱,径向温度梯度剧烈升高,超临界流体丧失了强制对流时的强冷却能力,传热出现恶化。内螺纹管中的螺旋肋增强了湍流强度,当湍流恢复到与强制对流较为接近的强度时,流体自身的强冷却能力也开始恢复,此时强物性变化和螺旋肋一起强化了换热。因此,与常物性流体相比,超临界流体中螺旋肋只需产生较少的扰动就能达到相同的传热强化效果,内肋对混合对流换热的强化作用高于常物性流体。

第5章　结　　论

5.1　本文主要结论

为了深入了解超临界/超超临界锅炉垂直管屏水冷壁中存在的由浮升力引起的超临界流体混合对流恶化，基于文献中已有的实验数据、自行设计搭建的超临界内螺纹管实验台的测量数据以及经实验验证的数值模型的计算结果，并结合理论分析，按照浮升力对换热的影响程度从大到小，依次研究了全周加热光管、半周加热光管和全周加热内螺纹管中超临界流体的对流换热，深入分析了超临界流体强制对流换热和内螺纹管改善混合对流换热的机理。

归纳起来，本文主要结论如下：

(1) 全周加热光管中浮升力是管内上升流动引起局部传热恶化的主要原因，质量流速 G 和管径 d 与超临界水发生传热恶化的界限热流密度呈非线性关系，引入了工质对单位壁面的冷却能力 G/d 后，提出了新的传热恶化判据：$q>d\left(0.36\dfrac{G}{d}-1.1\right)^{1.21}$，该判据的适用范围较广，预测准确性优于已有判据，且具有较好的外推性。

(2) 低 q/G、正常传热和传热强化发生时，全周/半周加热光管中浮升力对换热的影响都很微弱，半周加热光管内壁温度的周向偏差 $T_{iw,dif}$ 随着工质温度靠近拟临界温度 T_{pc} 逐渐减低，远离 T_{pc} 后 $T_{iw,dif}$ 又逐渐增大；半周加热光管内壁最大温度 $T_{iw,max}$ 与相同操作条件下全周加热工况的内壁温相差不大，全周加热 Jackson 关联式(2-25)和 Mokry 关联式(2-26)可以用于预测半周加热最大内壁温处的对流换热系数；高 q/G 下，半周加热时浮升力对超临界换热的影响低于全周加热，在更大的热流密度下传热恶化才会发生，工质跨越大比热区时 $T_{iw,dif}$ 始终较大，没有出现先降后增的现象，全周加热 Mokry 换热关联式(2-26)仍能较好地预测受半周加热的最大内壁温。

(3) 内螺纹管的换热特性与管中流体的流动形态有关。浮升力影响可忽略即强制对流条件下，肋结构(肋高、节距、螺旋角、肋形状)发生改变时，内螺纹管的换热特性基本不变，与光管相比内螺纹管传热性能的优越性并不明显，都可用 Jackson 光管换热关联式(2-25)来预测。浮升力影响明显即混合对流条件下，上升流动中，螺旋内肋能有效地抑制浮升力引起的传热恶化，随着无量纲肋结构因子$(\alpha/90^{\circ})\times(e/d_{i})\times(e/s)$的增加，浮升力对换热的削弱逐渐消失、对换热的强化作用趋于一致；下降流动中，$(\alpha/90^{\circ})\times(e/d_{i})\times(e/s)$增加时，浮升力对换热的强化作用基本不变，内螺纹管传热特性基本相同，与下降光管亦差别不大。

(4) 定压比热 c_p沿径向的积分效果是影响超临界流体强制对流换热的主要因素，其他因素(例如 q、T_b)通过改变该积分效果来间接地影响换热。c_p的径向积分是流场的局部特性，半周/全周加热时都是由局部热流密度决定，因此全周加热强制对流换热 Jackson 关联式(2-25)在半周加热强制对流时依然适用。此外，由于湍流强度并非主导因素，因此内螺纹引入的额外湍动对换热的贡献很小，光管强制对流换热经验 Jackson 关联式(2-25)可用于预测内螺纹管中超临界流体的强制对流换热。

(5) 流场边界层内对数区初段($y^{+}\approx30\sim100$)中的湍流强度对超临界流体的整体换热特性至关重要。该区域起到了桥梁的作用，实现了近壁面热流体和主流冷流体之间的动量、能量传递，浮升力正是通过使近壁面流体加速、减小径向湍流切应力进而削弱该区域中的湍流强度来恶化上升流动的换热。浮升力对换热的影响是一种局部(当地)效应，半周加热时由于管壁内热量沿周向的均流作用，浮升力的影响被削弱，传热恶化只有在更高的热流密度下才会出现。内螺纹管也是通过增强对数区初段的湍流强度来改善混合对流换热的，该区域内湍流的强化是通过螺旋内肋引起的近壁面强螺旋流动或横肋管肋后的漩涡和回流来实现的。

(6) 强制对流时超临界流体在大比热区内具有很强的冷却能力。混合对流条件下当浮升力的影响很强时，上升流动发生类层流化，径向温度梯度剧烈升高，超临界流体丧失了强制对流时的强冷却能力。内螺纹管的螺旋内肋削弱了浮升力的消极影响，当对数区初段的湍流恢复到与强制对流较为接近的强度时，流体自身的强冷却能力也开始恢复，此时强物性变化和螺旋肋一起强化了传热。与常物性流体相比，超临界流体中螺旋肋只需产生较少的扰动就能达到相同的传热强化效果，能更有效地改善换热。

5.2 本文主要创新点

本文主要创新点如下：

(1) 引入工质对单位壁面的冷却能力 G/d，提出了适用范围更广、精度更高的全周加热光管内超临界水传热恶化的新判据：$q>d\left(0.36\frac{G}{d}-1.1\right)^{1.21}$。

(2) 发现了内螺纹管肋结构改变时浮升力影响的变化规律：上升流动中，随着无量纲肋几何因子$(\alpha/90°)\times(e/d_i)\times(e/s)$的增加，浮升力对换热的削弱逐渐消失、对换热的强化作用趋于一致；下降流动中，$(\alpha/90°)\times(e/d_i)\times(e/s)$增加时，浮升力对换热的强化作用基本不变。

(3) 揭示了强制对流换热中周向加热条件和湍流强化装置(内螺纹)的无关性，提出了定压比热的径向积分效果在超临界流体强制对流换热中的主导作用。

5.3　未来工作展望

本文的研究得到了一些有意义的结论，有助于对超临界流体对流换热机理和内螺纹管等强化装置改善换热的原因的进一步理解，提出的传热恶化判据和推荐的换热关联式也可用于指导超临界锅炉水冷壁的设计。但由于条件和时间限制，今后尚有完善工作需要进行，主要包括：

(1) 更宽泛的螺旋肋尺寸范围下内螺纹管中超临界流体换热的研究，定量地确定无量纲肋结构因子$(\alpha/90°)\times(e/d_i)\times(e/s)$与上升流动中内螺纹管抑制浮升力、改善混合对流换热的能力之间的关系；

(2) 周向加热条件对内螺纹管中超临界流体对流换热的影响以及可能存在的半周加热时内螺纹管抑制浮升力能力的进一步提高；

(3) 内螺纹管中超临界流体的流阻特性，尤其是大比热区内受热流动时和绝热流动时阻力特性的对比和分析；

(4) 综合考虑换热和流阻后对超临界条件下内螺纹管结构的优化。

参考文献

[1] 朱宝田，赵毅．我国超超临界燃煤发电技术的发展[J]．华电技术，2008(2)：1-5.

[2] 徐通模，袁益超，陈干锦，等．超大容量超超临界锅炉的发展趋势[J]．动力工程，2003(3)：2363-2369.

[3] 黄莺，华洪渊，李涛，等．超超临界锅炉的发展与关键问题[J]．发电设备，2003(1)：46-49.

[4] Seimens Power Generation. Research & development at the BENSON test rig[R]. Siemens BENSON Boiler Booklet, Erlangen, Germany, 2001.

[5] 王希寰．超临界 W 火焰锅炉水冷壁拉裂问题探讨[J]．湖南电力，2012(1)：48-49.

[6] Lemmon E W, Mclinden M O, Huber M L. REFPROP: Reference fluid thermodynamic and transport properties. NIST Standard Reference Database 23, Version 8.0, 2007[R].

[7] Pioro I L, Duffey R B. Heat transfer and hydraulic resistance at supercritical pressures in power-engineering applications[M]. ASME Press, 2007.

[8] Swenson H S, Carver J R, Kakarala C R. Heat transfer to supercritical water in smooth-bore tubes[J]. Journal of Heat Transfer-Transactions of the ASME, 1965, 87(4): 477-483.

[9] Bishop A A, Sandberg R O, Tong L S. Forced convection heat transfer to water at near-critical temperatures and supercritical pressures[J]. A. I. Ch. E. I. Chem. E. Symposium Series, 1965, 2: 77-85.

[10] Yamagata K, Nishikawa K, Hasegawa S, et al. Forced convective heat transfer to supercritical water flowing in tubes[J]. International Journal of Heat and Mass Transfer, 1972, 15(12): 2575-2593.

[11] Goldmann K. Heat transfer to supercritical water at 5000 psi flowing at high mass flow rates through round tubes[J]. International Developments in Heat Transfer, Part Ⅲ, ASME, 1961: 561-568.

[12] Shitsman M E. Impairment of the Heat Transmission at Supercritical Pressures [J]. High Temperature, 1963, 1(2): 237-244.

[13] Shitsman M E. Natural convection effect on heat transfer to a turbulent water flow in intensively heated tubes at supercritical pressures[C]. Proceedings of the

Institution of Mechanical Engineers, 1967.

[14] Kakarala C R, Thomas L C. Turbulent combined forced and free convection heat transfer in vertical tube flow of supercritical fluids[J]. International Journal of Heat and Fluid Flow, 1980, 2(3): 115-120.

[15] Ackerman J W. Pseudoboiling Heat transfer to supercritical pressure water in smooth and ribbed tubes[J]. Journal of Heat Transfer-Transactions of the ASME, 1970, 92(3): 490-497.

[16] Fewster J. Mixed forced and free convective heat transfer to supercritical pressure fluids flowing in vertical pipes[D]. University of Manchester, 1976.

[17] Shiralkar B S, Griffith P. The deterioration in heat transfer to fluids at supercritical pressure and high heat fluxes[M]. Department of Mechanical Engineering, Massachusetts Institute of Technology, 1968.

[18] Shitsman M E. Temperature conditions in tubes at supercritical pressures[J]. Thermal Engineering, 1968,15(5): 72-77.

[19] Jackson J D, Cotton M A, Axcell B P. Studies of mixed convection in vertical tubes[J]. International Journal of Heat and Fluid Flow, 1989, 10(1): 2-15.

[20] Shitsman M E. The effect of natural convection on temperature conditions in horizontal tubes at supercritical pressures[J]. Thermal Engineering, 1966, 13(7): 51-56.

[21] Barulin Y D, Vikhrev Y V, Dyadyakin B V, et al. Heat transfer during turbulent flow in vertical and horizontal tubes containing water with supercritical state parameters[J]. Journal of Engineering Physics and Thermophysics, 1971, 20(5): 665.

[22] Kaji M, Ishigai S, Fujitani T, et al. Heat transfer and pressure drop in horizontal tubes with supercritical water[J]. Technology Reports of the Osaka University, 1978, 28: 235-242.

[23] Shen Z, Yang D, Chen G, et al. Experimental investigation on heat transfer characteristics of smooth tube with downward flow[J]. International Journal of Heat and Mass Transfer, 2014, 68: 669-676.

[24] Jackson J D. Fluid flow and convective heat transfer to fluids at supercritical pressure[J]. Nuclear Engineering and Design, 2013, 264(SI: NURETH-14): 24-40.

[25] Hall W B, Jackson J D. Laminarization of a turbulent pipe flow by buoyancy forces. 1969, ASME paper 69-HT-55.

[26] Jackson J D, Hall W B. Forced convection heat transfer to fluids at supercritical pressure//Turbulent Forced Convection in Channels and Bundles[M]. New York: Hemisphere Publishing Corporation, 1979: 563-611.

[27] Lee R A, Haller K H. Supercritical water heat transfer developments and applications[C]. Proceedings of 5th International Heat Transfer Conference, Tokyo, Japan, 1974.

[28] Shiralkar B, Griffith P. The effect of swirl, inlet conditions, flow direction, and tube diameter on the heat transfer to fluids at supercritical pressure[J]. Journal of Heat Transfer-Transactions of the ASME, 1969, 3(92): 465-471.

[29] Mceligot D M, Jackson J D. "Deterioration" criteria for convective heat transfer in gas flow through non-circular ducts[J]. Nuclear Engineering and Design, 2004, 232(3): 327-333.

[30] Watts M J, Chou C T. Mixed convection heat transfer to supercritical pressure water[C]. 7th International Heat Transfer Conference, Munchen, Germany, 1982.

[31] Yang Y, Cheng X, Huang S. A prediction method for supercritical water heat transfer in circular tubes[C]. Proceedings of the 4th International Symposium on Supercritical Water-Cooled Reactors, Heidelberg, Germany, 2009.

[32] Mokry S, Pioro I, Kirillov P, et al. Supercritical-water heat transfer in a vertical bare tube[J]. Nuclear Engineering and Design, 2010, 240(3): 568-576.

[33] Mokry S, Pioro I, Farah A, et al. Development of supercritical water heat-transfer correlation for vertical bare tubes[J]. Nuclear Engineering and Design, 2011, 241(4): 1126-1136.

[34] Mokry S, Lukomski A, Pioro I, et al. Thermalhydraulic analysis and heat transfer correlation for an intermediate heat exchanger linking a supercritical water-cooled reactor and a copper-chlorine cycle for hydrogen co-generation[J]. International Journal of Hydrogen Energy, 2012, 37(21): 16542-16556.

[35] Gupta S, Saltanov E, Mokry S J, et al. Developing empirical heat-transfer correlations for supercritical CO_2 flowing in vertical bare tubes[J]. Nuclear Engineering and Design, 2013, 261: 116-131.

[36] Wang C, Li H. Evaluation of the heat transfer correlations for supercritical pressure water in vertical tubes[J]. Heat Transfer Engineering, 2014, 35(6-8): 685-692.

[37] Chen W, Fang X. A new heat transfer correlation for supercritical water flowing in vertical tubes[J]. International Journal of Heat and Mass Transfer, 2014, 78: 156-160.

[38] Hall W B, Jackson J D, Watson A. A review of forced convection heat transfer to fluids at supercritical pressures[J]. Proceedings of the Institution of

Mechanical Engineers, 1967, 182(9): 10-22.

[39] Cheng X, Schulenberg T. Heat transfer at supercritical pressures: literature review and application to an HPLWR[R]. FZKA, 2001.

[40] Pioro I L, Khartabil H F, Duffey R B. Heat transfer to supercritical fluids flowing in channels-empirical correlations (survey)[J]. Nuclear Engineering and Design, 2004, 230(1-3): 69-91.

[41] Jackson J D. HTFS design report no. 34-Heat transfer to supercritical pressure fluids. Part 2—Critical Reviews with Design Recommendations[R]. Harwell: UK Atomic Energy Authority, 1975.

[42] Jäger W, Sánchez Espinoza V H, Hurtado A. Review and proposal for heat transfer predictions at supercritical water conditions using existing correlations and experiments[J]. Nuclear Engineering and Design, 2011,241(6): 2184-2203.

[43] Zahlan H, Groeneveld D C, Tavoularis S. Look-up table for trans-critical heat transfer [C]. Proceedings of the 2nd Canada-China Joint Workshop on Supercritical Water Cooled Reactors (CCSC 2010), Toronto, Ontario, Canada, 2010.

[44] Krasnoshchekov E A, Protopopov V S. Experimental study of heat exchange in carbon dioxide in the supercritical range at high temperature drops[J]. High temperature, 1967,4(3): 389-398.

[45] Loewenberg M F, Laurien E, Class A, et al. Supercritical water heat transfer in vertical tubes: A look-up table[J]. Progress in Nuclear Energy, 2008,50(2-6): 532-538.

[46] Jackson J D. Consideration of the heat transfer properties of supercritical pressure water in connection with the cooling of advanced nuclear reactors[C]. Proceedings of the 13th Pacific Basin Nuclear Conference, Shenzhen, China, 2002.

[47] Jackson J D. Validation of an extended heat transfer equation for fluids at supercritical pressure[C]. Proceedings of the 4th International Symposium on Supercritical Water-Cooled Reactors, Heidelberg, Germany, 2009.

[48] Kirillov P L, Grabezhnaya V A. Heat transfer at supercritical pressures and the onset of deterioration[C]. Proceedings of the Fourteenth International Conference on Nuclear Engineering, American Society of Mechanical Engineers, Miami, FL, United states, 2006.

[49] Anglart H. Heat transfer deterioration in application to HPLWR-mechanisms identification and ranking table [C]. Proceedings of the 4th International Symposium on Supercritical Water-Cooled Reactors, Heidelberg, Germany, 2009.

[50] Palko D, Anglart H. Investigation of the onset of heat transfer deterioration to supercritical water [C]. Proceedings of the 4th International Symposium on Supercritical Water-Cooled Reactors, Heidelberg, Germany, 2009.

[51] 胡志宏. 超临界和近临界压力区垂直上升管及倾斜管传热特性研究[D]. 西安：西安交通大学，2001.

[52] Grabezhnaya V A, Kirillov P L. Heat transfer under supercritical pressures and heat transfer deterioration boundaries[J]. Thermal Engineering, 2006, 53(4): 296-301.

[53] 李志辉. 超临界压力 CO_2 在微细圆管中流动和换热研究[D]. 北京：清华大学，2008.

[54] Ishikawa H, Suhara S, Abe T, et al. Forced convection heat transfer to supercritical water from semicricular heated surface in vertical tube(Part 1)—the design of experimental equipment and measurement of heat transfer coefficient [M]. Tokyo, Japan: Central Research Institute of Electric Power Industry, 1977.

[55] 孙丹. 临界压力区光管和内螺纹管不同加热方式的传热特性研究[D]. 西安：西安交通大学，2002.

[56] Ankudinov V B, Kurganov V. Intensification of deteriorated heat transfer in heated tubes at supercritical pressures[J]. High Temperature, 1982, 19(6): 870-874.

[57] Yang D, Pan J, Zhou C Q, et al. Experimental investigation on heat transfer and frictional characteristics of vertical upward rifled tube in supercritical CFB boiler [J]. Experimental Thermal and Fluid Science, 2011, 35(2): 291-300.

[58] Nishikawa K, Fujii T, Yoshida S. A study on burnout in the grooved tubes[J]. Journal of the Japan Society of Mechanical Engineers, 1972, 75(640): 700-707.

[59] Suhara S, Takahashi T, Ishikawa H, et al. Heat transfer characteristics to supercritical water in ribbed tubes [M]. Tokyo, Japan: Central Research Institute of Electric Power Industry, 1982.

[60] Wang W S, Chen T K, Luo Y, et al. Experimental study of heat transfer of ultra-supercritical pressure water in vertical upward internally ribbed tube[J]. High Technology Letters, 2007, 13(1): 17-22.

[61] Wang J G, Li H X, Guo B, et al. Investigation of forced convection heat transfer of supercritical pressure water in a vertically upward internally ribbed tube[J]. Nuclear Engineering and Design, 2009, 239(10): 1956-1964.

[62] Wang J G, Li H X, Yu S Q, et al. Investigation on the characteristics and mechanisms of unusual heat transfer of supercritical pressure water in vertically-

upward tubes[J]. International Journal of Heat and Mass Transfer, 2011, 54(9-10): 1950-1958.

[63] Wang J G, Li H X, Yu S Q, et al. Comparison of the heat transfer characteristics of supercritical pressure water to that of subcritical pressure water in vertically-upward tubes[J]. International Journal of Multiphase Flow, 2011, 37(7): 769-776.

[64] Pan J, Yang D, Dong Z C, et al. Experimental investigation on heat transfer characteristics of low mass flux rifled tube with upward flow[J]. International Journal of Heat and Mass Transfer, 2011, 54(13-14): 2952-2961.

[65] 陈听宽，罗毓珊，胡志宏，等. 超临界锅炉螺旋管圈水冷壁传热特性的研究[J]. 工程热物理学报，2004(2): 247-250.

[66] 尹飞. 超临界锅炉螺旋管圈内螺纹管水冷壁传热及壁温特性研究[D]. 西安：西安交通大学，2005.

[67] 唐人虎，尹飞，陈听宽. 超临界变压运行直流锅炉内螺纹管螺旋管圈水冷壁的传热特性研究[J]. 中国电机工程学报，2005,25(16): 90-95.

[68] 杨勇. 1000Mw 超超临界压力直流锅炉螺旋管圈水冷壁的水动力及传热特性试验研究[D]. 上海：上海发电设备成套设计研究院，2010.

[69] Li H, Wang H, Luo Y, et al. Experimental investigation on heat transfer from a heated rod with a helically wrapped wire inside a square vertical channel to water at supercritical pressures[J]. Nuclear Engineering and Design, 2009,239(10): 2004-2012.

[70] Bae Y, Kim H, Yoo T H. Effect of a helical wire on mixed convection heat transfer to carbon dioxide in a vertical circular tube at supercritical pressures[J]. International Journal of Heat and Fluid Flow, 2011, 32(1): 340-351.

[71] Yang Z, Bi Q, Wang H, et al. Experiment of heat transfer to supercritical water flowing in vertical annular channels[J]. Journal of Heat Transfer-Transactions of the ASME, 2013, 135(4): 42501-42504.

[72] Forooghi P, Hooman K. Effect of buoyancy on turbulent convection heat transfer in corrugated channels—A numerical study[J]. International Journal of Heat and Mass Transfer, 2013, 64(0): 850-862.

[73] Forooghi P, Hooman K. Experimental analysis of heat transfer of supercritical fluids in plate heat exchangers[J]. International Journal of Heat and Mass Transfer, 2014, 74(0): 448-459.

[74] Focke W W, Zachariades J, Olivier I. The effect of the corrugation inclination angle on the thermohydraulic performance of plate heat exchangers[J]. International Journal of Heat and Mass Transfer, 1985, 28(8): 1469-1479.

[75] Focke W W, Knibbe P G. Flow visualization in parallel-plate ducts with

corrugated walls[J]. Journal of Fluid Mechanics, 1986, 165(1): 73-77.

[76] Webb R L, Eckert E, Goldstein R. Heat transfer and friction in tubes with repeated-rib roughness[J]. International Journal of Heat and Mass Transfer, 1971,14(4): 601-617.

[77] Webb R L, Kim N. Principles of Enhanced Heat Transfer[M]. Taylor & Francis Group, 2005.

[78] Iwabuchi M, Matsuo T, Kanzaka M, et al. Prediction of heat transfer coefficient and pressure drop in rifled tubing at subcritical and supercritical pressure[C]. Proceedings of the 1st International Symposium on heat transfer, Tsinghua University, Beijing, China, 1985.

[79] Matsuo T, Iwabuchi M, Kanzaka M, et al. Heat transfer correlations of rifled tubing for boilers under sliding pressure operating condition[J]. Transactions of the Japan Society of Mechanical Engineers Series B, 1986, 52(476): 1822-1827.

[80] 陈听宽，孙丹，罗毓珊，等. 超临界锅炉内螺纹管传热特性的研究[J]. 工程热物理学报，2003,24(3): 429-432.

[81] Deissler R G, Taylor M F. Analysis of heat transfer and fluid friction for fully developed turbulent flow of supercritical water with variable fluid properties in a smooth tube[M]. National Advisory Committee for Aeronautics, 1953.

[82] Hess H L, Kunz H R. A study of forced convection heat transfer to supercritical hydrogen[J]. Journal of Heat Transfer, 1965, 87(1): 41-48.

[83] Sastry V S, Schnurr N M. An analytical investigation of forced convection heat transfer to fluids near the thermodynamic critical points[J]. Journal of Heat Transfer-Transactions of the ASME, 1975, 97(2): 226-230.

[84] Schnurr N M, Shapiro A B, Sastry V S. A numerical analysis of heat transfer to fluids near the thermodynamic critical point including the thermal entrance region [J]. Journal of Heat Transfer-Transactions of the ASME. Series C, 1976, 98(4): 609-615.

[85] Kushizuka S, Takano N, Oka Y. Numerical analysis of deterioration phenomena in heat transfer to supercritical water[J]. International Journal of Heat and Mass Transfer, 1995, 38(16): 3077-3084.

[86] Bae J H, Yoo J Y, Choi H. Direct numerical simulation of turbulent supercritical flows with heat transfer[J]. Physics of Fluids, 2005, 17(105104): 1-24.

[87] He S, Kim W S, Bae J H. Assessment of performance of turbulence models in predicting supercritical pressure heat transfer in a vertical tube[J]. International Journal of Heat and Mass Transfer, 2008, 51(19-20): 4659-4675.

[88] Kim W S, He S, Jackson J D. Assessment by comparison with DNS data of turbulence models used in simulations of mixed convection[J]. International Journal of Heat and Mass Transfer, 2008,51(5-6): 1293-1312.

[89] Wen Q L, Gu H Y. Numerical simulation of heat transfer deterioration phenomenon in supercritical water through vertical tube[J]. Annals of Nuclear Energy, 2010, 37(10): 1272-1280.

[90] Wen Q L, Gu H Y. Numerical investigation of acceleration effect on heat transfer deterioration phenomenon in supercritical water[J]. Progress in Nuclear Energy, 2011, 53(5): 480-486.

[91] Liu L, Xiao Z, Yan X, et al. Heat transfer deterioration to supercritical water in circular tube and annular channel[J]. Nuclear Engineering and Design, 2013, 255: 97-104.

[92] Styrikovich M A, Margulova T K, Miropol' Skii Z L. Problems in the development of designs of supercritical boilers[J]. Thermal Engineering, 1967, 14(6): 5-9.

[93] He S, Jiang P, Xu Y, et al. A computational study of convection heat transfer to CO_2 at supercritical pressures in a vertical mini tube[J]. International Journal of Thermal Sciences, 2005, 44(6): 521-530.

[94] Bazargan M, Mohseni M. The significance of the buffer zone of boundary layer on convective heat transfer to a vertical turbulent flow of a supercritical fluid[J]. The Journal of Supercritical Fluids, 2009, 51(2): 221-229.

[95] Mohseni M, Bazargan M. The effect of the low Reynolds number ke turbulence models on simulation of the enhanced and deteriorated convective heat transfer to the supercritical fluid flows[J]. Heat and Mass Transfer, 2011, 47(5): 609-619.

[96] Mohseni M, Bazargan M. Modification of low Reynolds number k-ε turbulence models for applications in supercritical fluid flows[J]. International Journal of Thermal Sciences, 2012, 51(0): 51-62.

[97] Mohseni M, Bazargan M. A new analysis of heat transfer deterioration on basis of turbulent viscosity variations of supercritical fluids[J]. Journal of Heat Transfer-Transactions of the ASME, 2012, 134(12): 122503.

[98] Licht J, Anderson M, Corradini M. Heat transfer and fluid flow characteristics in supercritical pressure water[J]. Journal of Heat Transfer-Transactions of the ASME, 2009, 131(7): 72502.

[99] Yang X, Su G H, Tian W, et al. Numerical study on flow and heat transfer characteristics in the rod bundle channels under super critical pressure condition [J]. Annals of Nuclear Energy, 2010, 37(12): 1723-1734.

[100] Keshmiri A，Cotton M A，Addad Y，et al. Turbulence models and large eddy simulations applied to ascending mixed convection flows[J]. Flow，Turbulence and Combustion，2012，89(3)：407-434.

[101] 王为术. 超(超)临界锅炉内螺纹水冷壁管流动传热与水动力特性[M]. 北京：中国电力出版社，2012.

[102] Zhao Z，Wang X，Che D. Numerical study on heat transfer and resistance characteristics of supercritical water inside internally-ribbed tube[J]. Heat and Mass Transfer，2014，50(4)：559-572.

[103] 李文凯. 低热流低质量流率超临界水在光管中的传热与流动研究[D]. 北京：清华大学，2010.

[104] Vikrev Y V，Kon'Kov A S，Lokshin V A. A study of heat transfer in vertical tubes at supercritical pressures[J]. Thermal Engineering，1967，9(14)：116-119.

[105] Vikhrev Y V，Lokshin V A. An experimental study of the temperature conditions in horizontal tubes at supercritical pressures[J]. Thermal Engineering，1964，12(11)：105-109.

[106] Polyakov A F. Mechanism and limits on the formation of conditions for impaired heat transfer at a supercritical coolant pressure[J]. High Temperature，1975，13(6)：1210-1219.

[107] Kirillov P，Pomet Ko R，Smirnov A，et al. Experimental study on heat transfer to supercritical water flowing in 1-and 4-m-long vertical tubes[C]. Proceedings of GLOBAL，2005.

[108] Alekseev G V，Silin V A，Smirnov A M，et al. Study of the thermal conditions on the wall of a pipe during the removal of heat by water at a supercritical pressure[J]. High Temperature，1976，14(4)：683-687.

[109] 胡志宏，陈听宽，孙丹. 近临界及超临界压力区垂直光管和内螺纹管传热特性的试验研究[J]. 热能动力工程，2001，16(3)：267-270.

[110] 潘杰，杨冬，董自春，等. 垂直上升光管内超临界水的传热特性试验研究[J]. 核动力工程，2011(1)：75-80.

[111] Zhu X J，Bi Q C，Yang D，et al. An investigation on heat transfer characteristics of different pressure steam-water in vertical upward tube[J]. Nuclear Engineering and Design，2009，239(2)：381-388.

[112] 李舟航，张大龙，吴玉新，等. 垂直上升光管内超临界水的传热恶化分析和判据[J]. 中国电机工程学报，2014，34(35)：6304-6310.

[113] 李虹波，杨珏，顾汉洋，等. 竖直单管内超临界水传热恶化实验研究[C]. 中国核学会2011年学术年会论文集，中国贵州贵阳，2011.

[114] 赵萌，李虹波，张戈，等. 圆管内超临界水上升、下降流动传热实验研究[J]. 原子能科学技术，2012,46(z1)：250-254.

[115] 李永亮，曾小康，黄志刚，等. 简单通道内超临界水传热特性实验研究[J]. 核动力工程，2013,34(1)：101-107.

[116] Schmidt K R. Thermal investigations with heavily loaded boiler heating surface [J]. Mett. Verb. Gross，1959，63：391.

[117] Domin G. Heat transfer to water in pipes in the critical/supercritical region[J]. BWK，1963，15(11)：527.

[118] Bazargan M，Fraser D，Chatoorgan V. Effect of buoyancy on heat transfer in supercritical water flow in a horizontal round tube[J]. Journal of Heat Transfer-Transactions of the ASME，2005，127(8)：897-902.

[119] Menter F R. Two-equation eddy-viscosity turbulence models for engineering applications[J]. AIAA Journal，1994，32(8)：1598-1605.

[120] Wagner W，Kruse A. Properties of water and steam：the industrial standard IAPWS-IF97 for the thermodynamic properties and supplementary equations for other properties：tables based on these equations[M]. Springer-Verlag，1998.

[121] Li H Z，Kruizenga A，Anderson M，et al. Development of a new forced convection heat transfer correlation for CO_2 in both heating and cooling modes at supercritical pressures[J]. International Journal of Thermal Sciences，2011，50(12)：2430-2442.

[122] Yang J，Oka Y，Ishiwatari Y，et al. Numerical investigation of heat transfer in upward flows of supercritical water in circular tubes and tight fuel rod bundles [J]. Nuclear Engineering and Design，2007，237(4)：420-430.

[123] Cheng X，Kuang B，Yang Y H. Numerical analysis of heat transfer in supercritical water cooled flow channels[J]. Nuclear Engineering and Design，2007，237(3)：240-252.

[124] Zhu Y. Numerical investigation of the flow and heat transfer within the core cooling channel of a supercritical water reactor[D]. Stuttgart：University StuttgartInstitut für Kernenergetik und Energiesysteme，2010.

[125] Becker K M，Enerholm A，Sardh L，et al. Heat transfer in an evaporator tube with circumferentially non-uniform heating [J]. International Journal of Multiphase Flow，1988，14(5)：575-586.

[126] Jackson J D，Hall W B. Influences of buoyancy on heat transfer to fluids flowing in vertical tubes under turbulent conditions//Turbulent Forced Convection in Channels and Bundles[M]. New York：Hemisphere Publishing Corporation，

1979：613-640.

[127] Bruch A，Bontemps A，Colasson S. Experimental investigation of heat transfer of supercritical carbon dioxide flowing in a cooled vertical tube[J]. International Journal of Heat and Mass Transfer，2009，52(11-12)：2589-2598.

[128] Schlichting H，Kestin J，Schlichting H，et al. Boundary-Layer Theory[M]. McGraw-Hill New York，1968.

[129] Song J H，Kim H Y，Kim H，et al. Heat transfer characteristics of a supercritical fluid flow in a vertical pipe[J]. The Journal of Supercritical Fluids，2008，44(2)：164-171.

[130] Bae Y，Kim H，Kang D. Forced and mixed convection heat transfer to supercritical CO_2 vertically flowing in a uniformly-heated circular tube[J]. Experimental Thermal and Fluid Science，2010，34(8)：1295-1308.

[131] Kim D E，Kim M. Experimental investigation of heat transfer in vertical upward and downward supercritical CO_2 flow in a circular tube[J]. International Journal of Heat and Fluid Flow，2011，32(1)：176-191.

[132] Kim D E，Kim M H. Two layer heat transfer model for supercritical fluid flow in a vertical tube[J]. The Journal of Supercritical Fluids，2011，58(1)：15-25.

[133] 张宇. 超临界压力 CO_2 在微细圆管内对流换热研究[D]. 北京：清华大学，2006.

[134] 郑建学，陈听宽，陈学俊，等. 600MW 变压运行直流锅炉水冷壁内螺纹管内壁换热特性的研究[J]. 中国电机工程学报，1996(04)：271-275.

[135] 王建国，李会雄，郭斌，等. 垂直上升内螺纹管内超临界压力水的传热特性研究[J]. 工程热物理学报，2009(3)：423-427.

[136] 潘杰，杨冬，朱探，等. 亚临界及近临界压力区低质量流速垂直内螺纹管传热特性试验研究[J]. 中国电机工程学报，2010(11)：79-85.

[137] 蔡宏，吴燕华，杨冬. 低质量流速优化内螺纹管的传热特性试验研究[J]. 中国电机工程学报，2011(26)：65-70.

[138] Feng X F，Wu S H. Heat transfer and frictional characteristics of rifled tube in a 1000MW supercritical lignite-fired boiler[C]. Proceedings of the International Conference on Electric Information and Control Engineering，2011.

[139] 于猛，俞谷颖，张富祥，等. 超临界变压运行锅炉垂直上升内螺纹管的传热特性[J]. 动力工程学报，2011,31(5)：321-324.

[140] 石润富. 烧结多孔介质与细圆管中超临界压力 CO_2 流动与换热研究[D]. 北京：清华大学，2006.

[141] Kohler W，Kastner W. Heat transfer and pressure loss in rifled tubes[C]. Proceedings of the 8th International Heat Transfer Conference，San Francisco，1986.

[142] Zhang Q, Li H, Zhang W. Experimental study on the heat transfer characteristics of water in vertically-upward internally-ribbed tubes[C]. ASME 2013 Heat Transfer Summer Conference collocated with the ASME 2013 7th International Conference on Energy Sustainability and the ASME 2013 11th International Conference on Fuel Cell Science, Engineering and Technology, Minneapolis, Minnesota, USA, 2013.

[143] Webb R L, Eckert E, Goldstein R J. Generalized heat transfer and friction correlations for tubes with repeated-rib roughness[J]. International Journal of Heat and Mass Transfer, 1972, 15(1): 180-184.

[144] Han J C, Glicksman L R, Rohsenow W M. An investigation of heat-transfer and friction for rib-roughened surfaces[J]. International Journal of Heat and Mass Transfer, 1978, 21(8): 1143-1156.

[145] Gee D L, Webb R L. Forced convection heat transfer in helically rib-roughened tubes[J]. International Journal of Heat and Mass Transfer, 1980, 23(8): 1127-1136.

[146] Rowley G J, Patankar S V. Analysis of laminar-flow and heat-transfer in tubes with internal circumferential fins[J]. International Journal of Heat and Mass Transfer, 1984, 27(4): 553-560.

[147] Webb B W, Ramadhyani S. Conjugate heat-transfer in a channel with staggered ribs[J]. International Journal of Heat and Mass Transfer, 1985, 28(9): 1679-1687.

[148] Han J C, Park J S, Lei C K. Heat-transfer enhancement in channels with turbulence promoters[J]. Journal of Engineering for Gas Turbines and Power-Transactions of the ASME, 1985, 107(3): 628-635.

[149] Ravigururajan T S, Bergles A E. Development and verification of general correlations for pressure drop and heat transfer in single-phase turbulent flow in enhanced tubes[J]. Experimental Thermal and Fluid Science, 1996, 13(1): 55-70.

[150] Watzinger A, Johnson D G. Wairmeiibertragung von Wasser an Rohrwand bei senkrechter Str6mung im Obergangsgebiet zwischen laminarer und turbulenter StrSmung[J]. Forschungauf Dem Gebiete Des Ingenierwesens, 1939, 10: 182-196.

[151] Herbert L S, Sterns U J. Heat transfer in vertical tubes—interaction of forced and free convection[J]. The Chemical Engineering Journal, 1972, 4(1): 46-52.

[152] Jackson J D. Some striking features of heat transfer with fluids at pressures and temperatures near the critical point[C]. Keynote Paper for International Conference on Energy Conversion and Application, Wuhan, China, 2001.

[153] Licht J, Anderson M, Corradini M. Heat transfer to water at supercritical pressures in a circular and square annular flow geometry[J]. International Journal of Heat and Fluid Flow, 2008, 29(1): 156-166.

[154] 刘蕾，肖泽军，闫晓，等. 带螺旋肋的圆环通道内超临界水传热特性数值研究[J]. 核动力工程，2013(01): 126-132.

[155] Xu K, Tang L, Meng H. Numerical study of supercritical-pressure fluid flows and heat transfer of methane in ribbed cooling tubes[J]. International Journal of Heat and Mass Transfer, 2015, 84: 346-358.

[156] 徐进良，陈听宽，吴履琛，等. 内螺纹水冷壁管的传热及阻力特性研究[J]. 热力发电，1993(6): 1-6.

[157] Swenson H S, Carver J R, Szoeke G. The effects of nucleate boiling versus film boiling on heat transfer in poaer boiler tubes[J]. Journal of Engineering for Power, Transaction of ASME, Series A, 1962, 84: 365-371.

[158] Iwabuchi M, Tatriwa M, Haneda H. Heat transfer characteristic of rifled tubes in the near critical pressure region[C]. Proceeding of the 7th International Heat Transfer Conference, Munich, Germany, 1982.

[159] 王建国，李会雄. 垂直上升管内临界压力区水的传热恶化研究[J]. 中国电机工程学报，2011(23): 67-73.

[160] 胡志宏，陈听宽，孙丹. 近临界及超临界压力区垂直光管和内螺纹管传热特性的试验研究[J]. 热能动力工程，2001,16(3): 267-270.

[161] Takase K. Numerical prediction of augmented turbulent heat transfer in an annular fuel channel with repeated two-dimensional square ribs[J]. Nuclear Engineering and Design, 1996, 165(1): 225-237.

[162] Kiml R, Mochizuki S, Murata A, et al. Effects of rib-induced secondary flow on heat transfer augmentation inside a circular tube[J]. Journal of Enhanced Heat Transfer, 2003,10(1): 9-20.

[163] Kiml R, Magda A, Mochizuki S, et al. Rib-induced secondary flow effects on local circumferential heat transfer distribution inside a circular rib-roughened tube[J]. International Journal of Heat and Mass Transfer, 2004, 47(6-7): 1403-1412.

[164] Ciofalo M. Large-eddy simulations of turbulent flow with heat transfer in simple and complex geometries using Harwell-FLOW3D[J]. Applied Mathematical Modelling, 1996, 20(3): 262-271.

[165] Mohammed H A, Abbas A K, Sheriff J M. Influence of geometrical parameters and forced convective heat transfer in transversely corrugated circular tubes[J]. International Communications in Heat and Mass Transfer, 2013, 44: 116-126.

在读期间发表的学术论文与获得的研究成果

发表的学术论文

[1] **Zhouhang Li**, Yuxin Wu, Guoli Tang, Dalong Zhang, Junfu Lu. Comparison between heat transfer to supercritical water in a smooth tube and in an internally ribbed tube, *International Journal of Heat and Mass Transfer*, 2015, 84: 529-541.（**SCI** 源刊,影响因子:2.522）

[2] **Zhouhang Li**, Junfu Lu, Guoli Tang, Qing Liu, Yuxin Wu. Effects of Rib Geometries and Property Variations on Heat Transfer to Supercritical Water in Internally Ribbed Tubes, *Applied Thermal Engineering*, 2015, 78: 303-314.（**SCI** 收录,检索号:CC1JJ,影响因子:2.624）

[3] **Zhouhang Li**, Yuxin Wu, Junfu Lu, Dalong Zhang, Hai Zhang. Heat transfer to supercritical water in circular tubes with circumferentially non-uniform heating, *Applied Thermal Engineering*, 2014, 70(1): 190-200.（**SCI** 收录,检索号:AO6LU,影响因子:2.624）

[4] **Zhouhang Li**, Yuxin Wu, Hairui Yang, Chunrong Cai, Hai Zhang, Kazuaki Hashiguchi, Keiji Takeno, Junfu Lu. Effect of liquid viscosity on atomization in an internal-mixing twin-fluid atomizer. *Fuel*, 2013, 103: 486-494.（**SCI** 收录,检索号:048SF,影响因子:3.406）

[5] **Zhouhang Li**, Yuxin Wu, Chunrong Cai, Hai Zhang, Yingli Gong, Keiji Takeno, Kazuaki Hashiguchi, Junfu Lu. Mixing and atomization characteristics in an internal-mixing twin-fluid atomizer. *Fuel*, 2012, 97: 306-314.（**SCI** 收录,检索号:941RB,影响因子:3.357）

[6] **李舟航**,张大龙,吴玉新,吕俊复,刘青. 垂直上升光管内超临界水的传热恶化分析和判据,中国电机工程学报,2014,34(35):6304-6310.(**EI** 收录,检索号:20145300387395)

[7] **李舟航**,唐国力,吴玉新,张海,吕俊复. 管内周向不均匀流动对超临界锅炉膜式水冷壁温度分布的影响及简化计算,中国电机工程学报,2015,35(5):1153-1160.(**EI** 源刊)

[8] **李舟航**,吴玉新,杨海瑞,吕俊复,岳光溪. 空气斜槽浓相煤粉输送的实验研究,工程热物理学报,2011,32(6):1058-1060.(**EI** 收录,检索号:20112514079466)

[9] **Zhouhang Li**, Guoli Tang, Yuxin Wu, Junfu Lu. Effect of sharp property variations on convective heat transfer in internally ribbed tubes, Paper No. 201, *International Conference on Heat Transfer and Fluid Flow*, Prague, Czech Republic, August 11-12, 2014.(国际会议)

[10] **Zhouhang Li**, Yuxin Wu, Wenkai Li, Junfu Lu, Ruichang Yang, Guangxi Yue. Heat Transfer and Hydraulic Resistance of Supercritical Water in a Smooth Tube at Low Heat Flux and Low Mass Flux, *The Fifth China-Korea Workshop on Nuclear Reactor Thermal Hydraulics*, Emei, Sichuan, China, October 10-12, 2011.(国际会议)

[11] **李舟航**,刘雪敏,尹炜迪,吕俊复. 超高压背压式热电联产,电站系统工程,2013,29(3):9-14.(核心期刊)

[12] **李舟航**,李文凯,吴玉新,吕俊复,岳光溪. 浮升力对低热流低质量流率下超临界水在光管中传热的影响. 第十二届全国反应堆热工流体会议:311-315,云南丽江,2011.9.15-17.

[13] **李舟航**,吴玉新,蔡春荣,张大龙,龚迎莉,吕俊复,刘青. 内混式雾化喷嘴内气液混合机理研究. 2011 年中国工程热物理学会多相流学术会议,新疆乌鲁木齐,2011.8.24-28.

[14] Guoli Tang, **Zhouhang Li**, Yuxin Wu, Hairui Yang, Weidi Yin, Junfu Lu. The application of coal sludge in CFB boilers in China, the 22nd International Conference on Fluidized Bed Conversion, Turku, Finland, June 14-17, 2015.(国际会议)

[15] Xuemin Liu, **Zhouhang Li**, Yuxin Wu, Junfu Lu. Effect of Tube Size on Flow Pattern of Air-Water Two-Phase Flow in Horizontal Tubes, Advanced Materials Research, 2013, 746: 575-580. (**EI**: 20134116827406)

[16] Jitang Liu, **Zhouhang Li**, Jianfeng Li, Junfu Lv, Qing Liu. Air flow simulation in high-pressure air blower with splitter blade. Proceedings of 2011 International Conference on Electric Information and Control Engineering: 1969-1972, Wuhan, China, April 15-17, 2011. (**EI**: 20112714122415)

[17] 刘雪敏, **李舟航**, 吴玉新, 吕俊复. 管径对垂直上升管内气液两相流流型的影响, 水动力学研究与进展 A 辑, 2012,27(5):531-536. (核心期刊)

[18] 张大龙, **李舟航**, 周武,吴玉新,张缦,吕俊复,张海. 配风方式对超临界 W 型火焰锅炉部分负荷运行的热流密度影响的数值研究. 中国动力工程学会锅炉专业委员会 2014 年学术研讨会: 1-10,江苏无锡,2014,10. 23-25.

获得的研究成果

[1] **李舟航**, 吴玉新, 吕俊复, 张海. 一种锅炉中部带双集箱的水冷壁: 中国, CN102734832A, 已授权. (中国发明专利公开号)

[2] **李舟航**, 吴玉新, 沈解忠, 李俊, 谢玉荣, 魏利岩, 岳光溪. 一种密相输运床反应器: 中国, CN102247793A, 已授权. (中国发明专利公开号)

[3] **李舟航**, 吴玉新, 吕俊复, 岳光溪. 一种燃烧低热值固体燃料的炉锅分离系统: 中国, CN202056865U. (中国实用新型专利公开号)

致 谢

衷心感谢导师吕俊复教授多年来对本人在学业上的培养和悉心指导。在生活上，导师如父亲一般对本人关怀备至、言传身教。导师渊博的学识、严谨的治学精神、包容宽厚的为人风范，在本人的成长过程中起到了重要的作用，将使我受益终生。

衷心感谢吴玉新副教授和张海教授对本人模型计算、实验研究和论文写作的精心指导。吴老师堪称真正的良师益友，与老师的每次讨论都使我获益良多。两位老师为本人提供了多次海外研习、与国际著名学者交流以及与企业合作交流的机会，使我开阔了眼界、增强了信心，对课题的开展起到了重要推进作用。

感谢课题组岳光溪院士、张建胜教授、杨海瑞教授、刘青副教授、张缦副教授对本文工作提出的宝贵意见和无私帮助。

在日本 MHI Takasago R & D Center 的学习研修期间，承蒙 S. Uchida 主席、H. Noguchi 主任、Y. Kondo 主任在本人课题上的指导与帮助。Ling Chen 博士、Xuelin Gao 博士和 Rong Wang 女士对本人在生活上给予了无私帮助，在此表示感谢。

感谢课题组唐国力师弟在本人实验台搭建期间给予的大力帮助。感谢同级的毕大鹏、管清亮、张大龙、玄伟伟、刘冰、王庆功、蔡春荣、刘静豪、奚英涛在博士研究生学习期间的相互鼓励和支持。感谢已毕业的王巍、王涛、胡南、仇晓龙、赵勇、李博、晁俊楠、张扬、张瑞卿博士以及李竞岌、刘雪敏、尹炜迪、杨燕梅、许开龙、向柏祥等师弟师妹对本人的帮助和生活上的照顾。与 CFB 课题组兄弟姐妹们一起度过的美好时光将使我终生难忘。同时还要感谢本科热动 62 班的周会、杨力、马灿、吴彦楠、秦晏旻、李汶颖、龙艳秋等挚友，正是有了他们的陪伴，我在清华求学的九年时光才会如此意义非凡。

感谢岳保国、孙新玉师傅在实验台搭建和实验过程中的帮助，感谢常东武老师和杨锐明老师在分析测试仪器方面给予的帮助。

最后，特别感谢我的父母和未婚妻刘婵，他们的默默付出、坚定的支持和深沉的爱永远是我不断前进的动力。